Forschungshefte aus dem

Gebiete des Stahlbaues

Herausgegeben vom

Deutschen Stahlbau-Verband, Berlin

Heft 1

Die Stabilität des mehrfeldrigen elastisch gestützten Stabes

Von

Dr.-Ing. A. Schleusner VDI

Beratender Ingenieur VBI, Prüfingenieur für Statik

Mit 34 Textabbildungen

Berlin

Verlag von Julius Springer

1938

ISBN-13:978-3-642-89003-1 e-ISBN-13:978-3-642-90859-0
DOI: 10.1007/978-3-642-90859-0

Vorwort.

Der Deutsche Stahlbau-Verband hat bei seinen jahrzehntelangen Bestrebungen, die Forschung auf dem Gebiet des Stahlbaues tatkräftig zu fördern, festgestellt, daß auf seinem engeren Fachgebiet Gelegenheit zur Veröffentlichung umfangreicher theoretischer Abhandlungen fehlt. Dem soll die Herausgabe von Forschungsheften abhelfen, die in zwangloser Reihenfolge erscheinen werden. Abhandlungen aus dem Stahlbau, aus der Statik, Festigkeitslehre, mathematischen Elastizitätslehre und der Meßtechnik, die für die Veröffentlichung in einer Fachzeitschrift zu umfangreich sind und verdienen, möglichst bald der Fachwelt bekanntgegeben zu werden, finden in diesen Forschungsheften ihre geeignete Erscheinungsform. Davon sind selbstverständlich auch die leider so seltenen kritisch-systematischen Untersuchungen konstruktiver Einzelfragen des Stahlbaues keineswegs ausgeschlossen. Dagegen werden reine Versuchsberichte nach wie vor in den ebenfalls vom Deutschen Stahlbau-Verband herausgegebenen Berichtsheften des Deutschen Ausschusses für Stahlbau erscheinen und Bauwerksbeschreibungen den Fachzeitschriften vorbehalten bleiben.

Das erste Heft behandelt eine stabilitätstheoretische Untersuchung, die sich aus einer praktischen Bauaufgabe (Flugsteighalle Tempelhof) entwickelt hat. Sie dürfte ganz besonders geeignet sein, die Art der in den Forschungsheften zu veröffentlichenden Aufsätze zu kennzeichnen, indem sie einen wichtigen Beitrag nicht nur für die rein wissenschaftlich interessierten Kreise, sondern auch für die Praxis darstellt. Sie ist außerdem auch zeitgemäß, denn die stabilitätstheoretischen Probleme stehen gerade jetzt mit im Vordergrund des fachlichen Interesses und werden die Weiterentwicklung der wissenschaftlichen Grundlagen des Stahlbaues maßgebend beeinflussen.

Die Anregung zur Herausgabe der Forschungshefte ging von Herrn Professor Dr.-Ing. Klöppel aus, dem wir an dieser Stelle unseren besonderen Dank aussprechen. Herr Professor Dr.-Ing. Klöppel wird auch allen Fachkollegen für Anregungen und Unterstützungen zum zielsicheren Ausbau dieser Einrichtung sehr dankbar sein, insbesondere aber auch für die Bereitstellung geeigneter Abhandlungen zur Veröffentlichung in den Forschungsheften.

Mögen diese Hefte zur Förderung von Forschung und Lehre und zur Befruchtung der Praxis des Stahlbaues ebenso beitragen wie die bewährten Berichtshefte des Deutschen Ausschusses für Stahlbau.

Unser besonderer Dank gilt Herrn Dr.-Ing. Schleusner für die Veröffentlichung seiner Arbeit in dem ersten Forschungsheft und der Verlagsbuchhandlung Julius Springer für die vorzügliche Ausgestaltung dieser Druckschrift.

Berlin, im Oktober 1938.

Deutscher Stahlbau-Verband
Berlin.

Inhaltsverzeichnis.

Einleitung.

Die Berechnung der Knickfestigkeit eines mehrfeldrigen, elastisch gestützten geraden Stabes mit feldweise veränderlichem Trägheitsmoment unter der Wirkung axialer, feldweise veränderlicher Stabkräfte ist seit langem bekannt[1]. Die in der Literatur angeführten Beispiele beschränken sich jedoch auf eine geringe Zahl der Felder und Öffnungen und setzen obendrein durchweg Symmetrie zur Stabmitte voraus, wodurch die Zahl der unbekannten Größen, die bestimmt werden müssen, auf die Hälfte vermindert wird. Bei mehr als drei bis höchstens vier Öffnungen und beim Fehlen der Symmetrie aber wird die Rechnung ungeheuer umständlich, ja praktisch undurchführbar. Man pflegt sich dabei im allgemeinen durch vereinfachende Annahmen zu helfen, etwa indem man Trägheitsmomente und Stabkräfte über mehrere Felder oder Öffnungen hin durch einen konstanten mittleren Wert ersetzt. Es kann aber sein, daß die erforderliche Genauigkeit solche Vereinfachungen nicht zuläßt.

Ein Verfahren, in solchen Fällen die Rechnung durchführbar zu machen, haben F. und H. Bleich, Wien, entwickelt[2]. Aber auch dort beschränken sich die Beispiele auf symmetrische Fälle und sind auch sonst stark vereinfacht.

Im folgenden soll die Rechnung für einen nichtsymmetrischen Stab mit sechs Öffnungen nach dem Verfahren von Bleich durchgeführt werden[3]. Zuvor soll der Ansatz nach dem üblichen Verfahren entwickelt werden, um einen Vergleich der praktischen Rechenmöglichkeiten bei den beiden Verfahren zu gewinnen.

§ 1. Das Problem.

Gegeben sei ein an beiden Enden gelenkig gelagerter Stab auf sieben Stützen, die wir von links nach rechts mit 0, 1, 2, ..., 6 bezeichnen (Abb. 1). Die Endstützen 0 und 6 seien fest, die fünf anderen elastisch. Die Stützenwiderstände in t cm^{-1} seien A_ν ($\nu = 1, 2, \ldots, 5$). Die sechs Öffnungen bezeichnen wir nach der Nummer der Stütze am rechten Ende mit 1 bis 6. Alle Öffnungen seien einfeldrig, d. h. innerhalb jeder Öffnung ν seien das Trägheitsmoment des Querschnitts I_ν, der Elastizitätsmodul E_ν und die Stabkraft S_ν (als Druck positiv) konstant. Wir werden bei der Rechnung den Elastizitätsmodul über den ganzen Stab hin als konstant annehmen: $E_1 = E_2 = E_3 = \cdots = E_6 = E$, wollen aber den Ansatz für veränderlichen Elastizitätsmodul schreiben, da dies die Formeln in keiner Weise kompliziert. Alle Felder mögen die gleiche Feldweite l haben. Doch werden wir auch hier die Ansätze zunächst für veränderliche Feldweiten $l_1, l_2, l_3, \ldots, l_6$

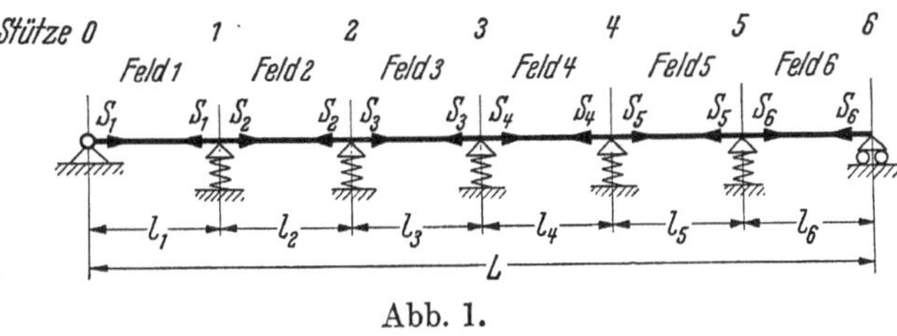

Abb. 1.

[1] Vgl. z. B. R. Mayer: Die Knickfestigkeit. Berlin 1921 (im folgenden mit „M" zitiert) und Ratzersdorfer: Die Knickfestigkeit von Stäben und Stabwerken. Wien 1936 (im folgenden mit „R" zitiert).

[2] F. u. H. Bleich: Beitrag zur Stabilitätsuntersuchung des punktweise elastisch gestützten Stabes. Stahlbau Bd. 10 (1937) H. 3 u. 4 (im folgenden mit „B" zitiert).

[3] Dieser Stab ist der Druckgurt der Stahlbinder bei der neuen Tempelhofer Flugsteighalle [vgl. Stahlbau (1938) H. 12]. Die Prüfung dieser Binderuntergurte auf Knickfestigkeit gab den unmittelbaren Anlaß zu der folgenden Untersuchung, die jedoch im Verlauf der Rechnung weit über ihren ursprünglichen Zweck hinauswuchs.

anschreiben. Die Gesamtlänge des ganzen Stabes sei $L = \sum_{\nu=1}^{6} l_\nu$. Folgende Zahlen sollen der Rechnung zugrunde gelegt werden:

$$\text{(A)}\quad \left|\begin{array}{c} L = 36\,\text{m}; \quad l = 6\,\text{m} = 0{,}6 \cdot 10^3\,\text{cm}; \quad E = 2{,}15 \cdot 10^3\,\text{t}\,\text{cm}^{-2}; \\ S_1 = 134\,\text{t}; \; S_2 = 262\,\text{t}; \; S_3 = 391\,\text{t}; \; S_4 = 512\,\text{t}; \; S_5 = 653\,\text{t}; \; S_6 = 941\,\text{t}; \\ I_1 = 43{,}4 \cdot 10^3\,\text{cm}^4; \; I_2 = 43{,}4 \cdot 10^3\,\text{cm}^4; \; I_3 = 65{,}1 \cdot 10^3\,\text{cm}^4; \; I_4 = 92{,}8 \cdot 10^3\,\text{cm}^4; \\ I_5 = 92{,}8 \cdot 10^3\,\text{cm}^4; \; I_6 = 112{,}2 \cdot 10^3\,\text{cm}^4; \\ A_0 = \infty; \; A_1 = 15{,}12\,\text{t}\,\text{cm}^{-1}; \; A_2 = 10{,}3\,\text{t}\,\text{cm}^{-1}; \; A_3 = 7{,}55\,\text{t}\,\text{cm}^{-1}; \; A_4 = 5{,}78\,\text{t}\,\text{cm}^{-1}; \\ A_5 = 17{,}2\,\text{t}\,\text{cm}^{-1}; \; A_6 = \infty. \end{array}\right.$$

Um die Knicksicherheit des durch diese Größen gegebenen Stabes zu bestimmen, führen wir alle Stabkräfte S_ν mit einem gemeinsamen Faktor λ multipliziert in die Rechnung ein. Die Aufgabe ist dann, den kleinsten Wert von λ zu bestimmen, bei dem unser Stab ausknickt.

§ 2. Die Knickdeterminante.

In Abb. 2 sind zwei benachbarte Öffnungen (eines Stabes mit allgemein n Öffnungen) dargestellt. Es sei M_ν das Moment an der Stütze ν, Q_ν die Querkraft im Felde ν, η_ν die Senkung des Stützpunktes ν, x_ν (von 0 bis l_ν zählend) die Abszisse im Felde ν und y_ν die Ordinate der Biegelinie im Felde ν. Dann ist die Bedingung für das Gleichgewicht der Momente

$$(1)\qquad M(x_\nu, y_\nu) = M_{\nu-1} - \lambda S_\nu (y_\nu - \eta_{\nu-1}) - Q_\nu x_\nu \qquad (\nu = 1, 2, \ldots, n).$$

Auf den Stützpunkt ν bezogen lautet diese Gleichung

$$(2)\qquad M_\nu = M_{\nu-1} - \lambda S_\nu (\eta_\nu - \eta_{\nu-1}) - Q_\nu l_\nu \qquad (\nu = 1, 2, \ldots, n).$$

Ersetzt man das Moment im Punkte x_ν, y_ν wie üblich näherungsweise durch $E_\nu I_\nu \cdot y_\nu''$, so ergibt (1) die Differentialgleichung der Biegelinie

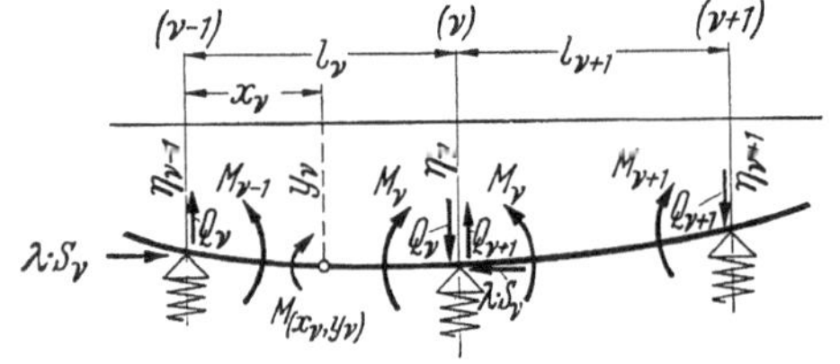

Abb. 2.

$$(3)\qquad y_\nu'' + \frac{z_\nu^2}{l_\nu^2} \cdot y_\nu - \frac{z_\nu^2}{\lambda S_\nu l_\nu^2} \cdot (M_{\nu-1} - Q_\nu x_\nu + \lambda S_\nu \eta_{\nu-1}) = 0.$$

Dabei ist zur Abkürzung gesetzt

$$(4)\qquad z_\nu = l_\nu \cdot \sqrt{\frac{\lambda S_\nu}{E_\nu I_\nu}}$$

(vgl. „R", § 25, S. 265f. und „B", wo γ_ν für z_ν steht).

Integration von (3) mit den Integrationskonstanten A_ν und B_ν ergibt

$$(5)\qquad y_\nu = A_\nu \cdot \sin z_\nu \frac{x_\nu}{l_\nu} + B_\nu \cdot \cos z_\nu \frac{x_\nu}{l_\nu} + \frac{1}{\lambda S_\nu} \cdot (M_{\nu-1} - Q_\nu x_\nu + \lambda S_\nu \eta_{\nu-1}).$$

Führt man weiter abkürzend die Größen

$$(6)\qquad \psi_\nu' = \frac{l_\nu}{E_\nu I_\nu} \cdot \frac{z_\nu \cos z_\nu - \sin z_\nu}{z_\nu^2 \sin z_\nu}, \qquad \psi_\nu'' = \frac{l_\nu}{E_\nu I_\nu} \cdot \frac{\sin z_\nu - z_\nu}{z_\nu^2 \sin z_\nu}$$

ein, eliminiert Q_ν mittels (2) und bestimmt A_ν und B_ν aus $y_\nu(0) = \eta_{\nu-1}$, $y_\nu(l_\nu) = \eta_\nu$, so ergibt sich für die Gleichung der elastischen Linie im Felde ν

$$(7)\qquad y_\nu \cdot \lambda S_\nu = \frac{M_{\nu-1} \cos z_\nu - M_\nu}{\sin z_\nu} \cdot \sin z_\nu \frac{x_\nu}{l_\nu} - M_{\nu-1} \cdot \cos z_\nu \frac{x_\nu}{l_\nu} - [M_{\nu-1} - M_\nu - \lambda S_\nu (\eta_\nu - \eta_{\nu-1})] \cdot \frac{x_\nu}{l_\nu} + (M_{\nu-1} + \lambda S_\nu \eta_{\nu-1}) \qquad (\nu = 1, 2, \ldots, n)$$

und für die Tangenten an den Feldenden,

$$\left.\begin{array}{ll} (8\text{a}) & y_\nu'(0) = \dfrac{\eta_\nu - \eta_{\nu-1}}{l_\nu} + M_{\nu-1} \psi_\nu' + M_\nu \psi_\nu'' \\ (8\text{b}) & y_\nu'(l_\nu) = \dfrac{\eta_\nu - \eta_{\nu-1}}{l_\nu} - M_{\nu-1} \psi_\nu'' - M_\nu \psi_\nu' \end{array}\right\} \qquad (\nu = 1, 2, \ldots, n).$$

Da an der Stütze ν die Tangente sich stetig ändern muß, da also $y_\nu'(l_\nu) = y_{\nu+1}'(0)$ sein muß, folgt die Stetigkeitsbedingung an der Stütze ν

$$(9)\qquad M_{\nu-1} \psi_\nu'' + M_\nu (\psi_\nu' + \psi_{\nu+1}') + M_{\nu+1} \psi_{\nu+1}'' + \eta_{\nu-1} \cdot \frac{1}{l_\nu} - \eta_\nu \cdot \left(\frac{1}{l_\nu} + \frac{1}{l_{\nu+1}}\right) + \eta_{\nu+1} \cdot \frac{1}{l_{\nu+1}} = 0 \qquad (\nu = 1, 2, \ldots, n-1).$$

An jeder der fünf elastischen Stützen wirkt die Reaktionskraft $A_\nu \cdot \eta_\nu$ (vgl. Abb. 3). Daraus ergibt sich als Bedingungsgleichung für das Gleichgewicht der Vertikalkräfte an der Stütze ν

$$A_\nu \cdot \eta_\nu = Q_{\nu+1} - Q_\nu \qquad (\nu = 1, 2, \ldots, n-1). \tag{10}$$

Mit den Gleichungen (2), (9) und (10) haben wir die Möglichkeit, alle unbekannten Größen bis auf einen unbestimmt bleibenden gemeinsamen Faktor zu bestimmen. Wir haben allgemein $3n-2$, in unserm Fall 16 unbekannte Größen: $n-1=5$ Knotenpunktsmomente M_ν $(\nu = 1, \ldots, 5)$, $n-1=5$ Knotenpunktsverschiebungen η_ν $(\nu = 1, \ldots, 5)$ und $n=6$ Querkräfte Q_ν $(\nu = 1, \ldots, 6)$. Ebenso haben wir $3n-2=16$ Gleichungen: $n=6$ Gleichgewichtsbedingungen (2) $(\nu = 1, \ldots, 6)$, $n-1=5$ Stetigkeitsbedingungen (9) $(\nu = 1, \ldots, 5)$ und $n-1=5$ Stützengleichungen (10) $(\nu = 1, \ldots, 5)$. Eliminiert man aus (2) und (10) die Querkräfte, so erhält man endlich $2n-1=11$ Gleichungen mit 11 Unbekannten: $n-1=5$ Knotenpunktsmomenten M_ν $(\nu = 1, 2, \ldots, 5)$ und $n=6$ Neigungen der Feldsehnen $\frac{\eta_\nu - \eta_{\nu-1}}{l_\nu}$ $(\nu = 1, 2, \ldots, 6)$. Bei anderen Stützbedingungen werden es $2n=12$ oder $2n+1=13$ Gleichungen mit ebensovielen Unbekannten (vgl. z. B. „M", § 36, S. 178f.). Es bleiben also 11 bis 13 homogene lineare Gleichungen mit ebensovielen Unbekannten. Diese Gleichungen haben dann und nur dann nicht verschwindende Lösungen, wenn die Determinante der Beiwerte verschwindet. In den Beiwerten erscheint, teils in algebraischer, teils in transzendenter Form [vgl. Gleichung (4)] der Parameter λ. Die Bedingung des Verschwindens der Determinante ergibt also eine transzendente Gleichung zur Bestimmung von λ. Die kleinste positive Wurzel dieser transzendenten Gleichung bestimmt die Knickgrenze unseres Stabes. Die Gleichung ist außerordentlich verwickelt und im allgemeinen nur durch Probieren zu lösen. Das aber bedeutet, daß man eine elf- bis dreizehnreihige Determinante so oft auswerten muß, bis man eine Nullstelle mit hinreichender Genauigkeit bestimmt hat und bis man sich weiter versichert hat, daß diese Nullstelle die kleinste positive unter den im allgemeinen unendlich vielen Nullstellen ist. Diese Rechenarbeit ist praktisch einfach undurchführbar, abgesehen davon, daß die Gefahr von Rechenfehlern ganz außerordentlich groß ist. Die bekannten Versuche, die Determinante der Rechnung zugänglicher zu machen, beschränken sich auf symmetrische Systeme mit symmetrischer Belastung[1]. Das würde in unserm Fall bedeuten, daß man mit einem zwölffeldrigen Stab rechnen müßte, also eine 23reihige Determinante erhielte. Damit wird die Rechnung erst recht praktisch undurchführbar.

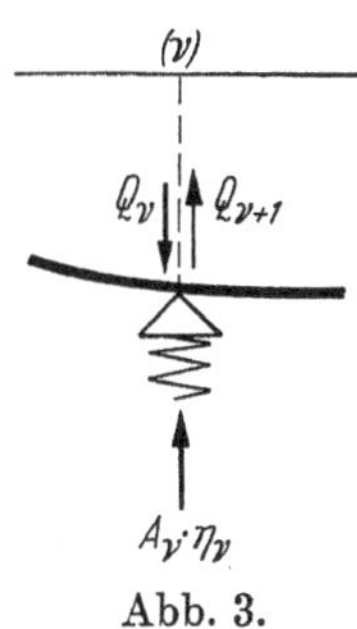

Abb. 3.

Nun gibt Ratzersdorfer („R", S. 268f.) ein praktisch sehr wertvolles Verfahren an, durch Elimination der Knotenpunktsverschiebungen η_ν die Zahl der Unbekannten und der Gleichungen von vornherein zu vermindern. Dies Verfahren ist aber nur anwendbar, wenn mehrere Felder in einer Öffnung liegen, also gerade in dem von uns betrachteten Falle nicht.

Dagegen führt das oben erwähnte Verfahren von F. und H. Bleich zum Ziel. Zwar bleibt auch hier die Rechenarbeit noch immer sehr umfangreich. Aber die Rechnung wird praktisch durchführbar und dabei in viele Teilschritte zerlegt, von denen jeder den andern kontrolliert, so daß Rechenfehler verhältnismäßig rasch erkannt und verbessert werden können.

§ 3. Der neue Energieansatz.

Praktisch ist das Wesentliche des Bleichschen Verfahrens, daß der Stab zunächst ohne Berücksichtigung der Zwischenstützen berechnet wird und diese erst zum Schluß in die Rechnung eingeführt werden. Dadurch wird nicht nur die Rechnung übersichtlicher und einfacher, sondern man erhält dadurch auch wichtige Aufschlüsse über den Einfluß der Stützung auf die Sicherheit des Systems und zugleich eine einfache Möglichkeit, diesen Einfluß konstruktiv zu berücksichtigen.

[1] Vgl. z. B. Kriso: Die Knicksicherheit der Druckgurte offener Fachwerkbrücken. Internationale Vereinigung für Brückenbau und Hochbau. Abhandlungen, III. Bd. (1935).

Theoretisch besteht das Besondere des Bleichschen Verfahrens in einer Umkehrung der üblichen Fragestellung. E, I und S mögen irgendwelche gegebenen Funktionen von x (also nicht notwendig feldweise konstant) sein. Der Stab habe n Öffnungen ($n+1$ Stützen), und wir nehmen der Allgemeinheit wegen zunächst auch die Endstützen als elastisch an. Dann ist der übliche Ansatz für die potentielle Energie des Gesamtsystems der folgende:

$$\Pi = \frac{1}{2}\cdot\int_0^L E(x)\, I(x)\, y''^2\, dx - \frac{1}{2}\lambda\cdot\int_0^L S(x)\, y'^2\, dx + \frac{1}{2}\cdot\sum_{\nu=0}^{n} A_\nu \eta_\nu^2 .$$

Der erste Summand stellt die Arbeit der Biegungsmomente dar, der zweite die Arbeit der Stabkräfte, der dritte die Arbeit der Stützenwiderstände. (Sind die Endstützen fest, so leisten sie keine Arbeit und in der Summe fallen daher die auf sie bezüglichen Summanden für $\nu = 0$ und $\nu = n$ fort.) Die Stabkräfte sind mit einem Proportionalitätsfaktor λ multipliziert, dessen Wert an der Knickgrenze zu bestimmen ist. Die übliche Fragestellung lautet also: Wie groß dürfen die Stabkräfte höchstens werden, wenn der Stab bei gegebenen Stützenwiderständen nicht ausknicken soll. F. und H. Bleich machen dagegen folgenden Ansatz für die potentielle Energie:

$$\Pi = \frac{1}{2}\cdot\int_0^L E(x)\, I(x)\, y''^2\, dx - \frac{1}{2}\cdot\int_0^L S(x)\, y'^2\, dx + \frac{1}{2}\mu\cdot\sum_{\nu=0}^{n} A_\nu \eta_\nu^2 . \tag{11}$$

Hier sind (statt der Stabkräfte) die Stützenwiderstände mit einem gemeinsamen Proportionalitätsfaktor μ versehen, dessen Wert an der Knickgrenze zu bestimmen ist. Die Bleichsche Fragestellung lautet demnach: Wie stark müssen die Stützenwiderstände mindestens sein, wenn der Stab bei gegebenen Stabkräften nicht ausknicken soll. Die Frage nach der Knicksicherheit wird also durch die Frage nach der Stützensicherheit ersetzt. Wir werden später (vgl. § 11a und § 12c) sehen, wie man am Ende der Rechnung in einfachster Weise zu der ursprünglichen Fragestellung zurückkehren kann. Die Ergebnisse müssen letzten Endes selbstverständlich die gleichen sein, von welcher Fragestellung man auch ausgeht. Das heißt, bestimmt man aus dem üblichen Ansatz den kritischen Wert von λ und führt man dann $\lambda\cdot S$ statt S in den Bleichschen Ansatz (11) ein, so muß man aus diesem $\mu = 1$ erhalten. Und umgekehrt: bestimmt man aus (11) den kritischen Wert von μ und setzt man dann in dem üblichen Ansatz $\mu\cdot A_\nu$ an Stelle von A_ν, so muß man $\lambda = 1$ erhalten.

Der Energieansatz führt auf ein Variationsproblem. Die tatsächlich eintretende Verformung des Stabes ist dadurch vor allen anderen denkbaren Verformungen ausgezeichnet, daß bei ihr die potentielle Energie zum Minimum wird. Die Bestimmung der Biegelinie $y(x)$ und des kritischen Wertes vom μ erfordert also die Lösung des Variationsproblems

$$\delta\Pi = 0 . \tag{12}$$

Die Lösung wird mit Hilfe des Ritzschen Verfahrens gesucht. Jede Funktion, die gewissen Stetigkeitsbedingungen genügt, die unsere Biegelinie y sicher erfüllt, kann in eine (höchstens mit Ausnahme der Randpunkte) gleichmäßig konvergente Reihe nach den Eigenfunktionen $\varphi^{(i)}(x)$ jedes Randwertproblems vom Sturm-Liouvilleschen Typus entwickelt werden:

$$y(x) = a_1\cdot\varphi^{(1)}(x) + a_2\cdot\varphi^{(2)}(x) + a_3\cdot\varphi^{(3)}(x) + \cdots \text{ in inf.} \tag{13}$$

Es kommt nur darauf an, das Funktionensystem $\varphi^{(i)}(x)$ so zu wählen, daß wenige Glieder der Reihe (13) eine ausreichend genaue Darstellung der Biegelinie und eine ausreichend genaue und einfache Bestimmung des kritischen Wertes von μ gestatten. F. und H. Bleich wählen als Funktionenfolge $\varphi^{(i)}$ die Eigenfunktionen des Hilfsproblems

$$\delta\Pi^* = 0;\quad \Pi^* = \frac{1}{2}\cdot\int_0^L E(x)\, I(x)\, \varphi''^2(x)\, dx - \frac{1}{2}\lambda\cdot\int_0^L S(x)\, \varphi'^2(x)\, dx \tag{14}$$

bei geeigneter Wahl der zugeordneten Randbedingungen.

Die Variationsgleichung des Problems (14) ist

$$\frac{d^2}{d x^2}[E(x) I(x) \varphi''] + \lambda \cdot \frac{d}{d x}[S(x) \varphi'] = 0. \tag{15}$$

Das aber ist gerade die Differentialgleichung des geraden Stabes mit der Biegesteifigkeit $E(x) \cdot I(x)$ und der axialen Druckbelastung $S(x)$. Das Bleichsche Hilfsproblem ist also — wie übrigens auch ein Vergleich von (11) und (14) unmittelbar zeigt — nichts anderes als der untersuchte Stab selbst nach Entfernung sämtlicher elastischen Stützen. Es bleibt nur noch übrig, dem Hilfsproblem (14) bzw. (15) Randbedingungen zuzuordnen, die möglichst nahe mit den Randbedingungen des Hauptproblems übereinstimmen. Sind, wie in unserm Fall, die Enden des Stabes gelenkig fest gestützt (bzw. fest eingespannt), so nehmen wir den Hilfsstab (14) bzw. (15) an den Enden in der gleichen Weise gelagert, also ebenfalls gelenkig fest gestützt (bzw. fest eingespannt) an. Dann erfüllt jede der Eigenfunktionen $\varphi^{(i)}$ des Hilfsproblems die Randbedingungen des Hauptproblems streng und die Reihe (13) konvergiert daher mit Einschluß der Randpunkte gleichmäßig. In dem Fall, daß ein Ende des Stabes oder beide elastisch gestützt (bzw. elastisch eingespannt) sind, könnte man auch bei dem Hilfsstab die betreffenden Enden in derselben Weise elastisch gestützt (bzw. elastisch eingespannt) annehmen. Man hätte dann den Vorteil, daß die Funktionen $\varphi^{(i)}$ wiederum die Randbedingungen des Hauptproblems streng erfüllen. Doch dürfte der Nachteil, daß die Rechenarbeit bei der Gewinnung der $\varphi^{(i)}$ erheblich vergrößert wird, überwiegen. F. und H. Bleich nehmen in diesem Fall das betreffende Ende des Hilfsstabes als vollkommen frei an. Die $\varphi^{(i)}$ erfüllen dann zwar nicht alle Randbedingungen des Hauptproblems. Doch sind die von den $\varphi^{(i)}$ nicht erfüllten Bedingungen natürliche Randbedingungen des Hauptproblems, so daß das Verfahren gegen eine alle Randbedingungen des Hauptproblems befriedigende Lösung konvergiert (vgl. „B"). Dadurch ist auch in diesem Fall die gleichmäßige Konvergenz der Reihe (13) mit Einschluß der Randpunkte gesichert.

Nach dem Bleichschen Verfahren ist also die Aufgabe gestellt, zunächst eine größere Anzahl der Eigenwerte $\lambda^{(i)}$ und der Eigenfunktionen $\varphi^{(i)}$ des Hilfsproblems (14) bzw. (15) zu berechnen. Dieses ist wesentlich einfacher als das Hauptproblem. In unserem Beispiel wird sich die Knickdeterminante des Hilfsproblems — die wir zur Bestimmung der $\lambda^{(i)}$ brauchen — als sechsreihige Determinante ergeben. Diese ist unvergleichlich leichter zu behandeln als die elfreihige des Hauptproblems. Allerdings brauchten wir bei dem Hauptproblem nur einen einzigen Eigenwert, den kleinsten. Die Berechnung von Eigenfunktionen ist dort zur reinen Bestimmung der Knicksicherheit überhaupt nicht erforderlich. Will man ein affines Bild der Biegelinie haben, so braucht man nur die erste Eigenfunktion $\varphi^{(1)}$ zum Eigenwert $\lambda^{(1)}$. Bei dem Hilfsproblem brauchen wir eine größere Zahl von Eigenwerten (in unserem Fall, wie wir sehen werden, vier) und zu jedem die zugehörige Eigenfunktion, auch wenn wir nur die Knicksicherheit des Hauptstabes ermitteln wollen und auf das affine Bild seiner Biegelinie verzichten. Vier, unter Umständen noch mehr Wurzeln einer sechsreihigen Determinante zu ermitteln, in die die Unbekannte in verwickelter Weise transzendent eingeht, ist im allgemeinen zeitraubend und umständlich. Aber es ist immerhin möglich. Dagegen ist es praktisch so gut wie unmöglich, auch nur eine einzige Wurzel einer elfreihigen Determinante zu bestimmen, in die die Unbekannte in entsprechend verwickelter Weise eingeht.

Die Hauptarbeit bei dem Bleichschen Verfahren besteht also in der Lösung des Hilfsproblems. Leider weisen F. und H. Bleich (vgl. „B") auf diesen Umstand nicht mit der erforderlichen Deutlichkeit hin. Sie machen bei allen Beispielen, die sie bringen, sehr stark vereinfachende Annahmen (Symmetrie zur Stabmitte, nur zwei verschiedene S und I oder gar konstantes S und I, wie in beiden gerechneten Zahlenbeispielen) und geben selbst für diese einfachen Fälle die Eigenfunktionen $\varphi^{(i)}$ des Hilfsproblems an, ohne ihre Ableitung vorzuführen[1]. Wir werden sehen, welche erheblichen Schwierigkeiten bei unserem Problem

[1] Die Eigenfunktionen „B", S. 19, 2. Spalte, für das mittlere Feld sind nicht richtig angegeben. So muß es z. B. in Gl. (17) richtig heißen:

für den Bereich $0 < x_2 < l_2$ $\quad \varphi(x_2) = \frac{S_1}{S_2} \cdot \left[\frac{1}{\cos\frac{\gamma_2}{2}} \cdot \cos\gamma_2\left(\frac{1}{2} - \frac{x_2}{l_2}\right) - 1 + \frac{S_2}{S_1}\right]$

und entsprechend in Gl. (20).

an dieser Stelle zu überwinden sind. Nur wenn die Stabenden nicht eingespannt sind und wenn überdies alle Felder gleichen Elastizitätsmodul, gleiches Trägheitsmoment und gleiche (konstante) Stabkraft haben, kann man die Eigenwerte und Eigenfunktionen des Hilfsproblems ohne jede Rechenarbeit sofort anschreiben. In diesem Falle ist das Bleichsche Verfahren mühelos anwendbar.

Ist dagegen das Hilfsproblem einmal gelöst, d. h. sind die $\lambda^{(i)}$ und $\varphi^{(i)}$ bekannt, so bietet die Lösung des Hauptproblems keine Schwierigkeiten mehr. Man macht für y dann den Ansatz (13) mit zunächst unbekannten Beiwerten a_i. Führt man diesen Ansatz in den Ausdruck (11) für die potentielle Energie Π ein, so wird diese auf Grund der Orthogonalitätsbeziehungen der Funktionen $\varphi^{(i)}$ (vgl. „B")

$$\Pi = \frac{1}{2} \cdot \Sigma_i a_i^2 (\lambda^{(i)} - 1) \cdot \int\limits_0^L S(x) \left(\frac{d\varphi^{(i)}}{dx}\right)^2 dx + \frac{1}{2}\mu \cdot \sum_i \sum_j a_i a_j \cdot \sum_{\nu=0}^{n} A_\nu \cdot f_\nu^{(i)} f_\nu^{(j)}. \tag{16}$$

Dabei bedeutet $f_\nu^{(i)}$ den Wert der Eigenfunktion $\varphi^{(i)}$ an der Stütze ν. Mit

$$N_i = (\lambda^{(i)} - 1) \cdot \int\limits_0^L S(x) \left(\frac{d\varphi^{(i)}}{dx}\right)^2 dx, \tag{17}$$

$$\alpha_{ij} = \sum_{\nu=0}^{n} A_\nu \cdot f_\nu^{(i)} f_\nu^{(j)} \qquad (\alpha_{ji} = \alpha_{ij}) \tag{18}$$

wird Gleichung (16) zu

$$\Pi = \frac{1}{2} \cdot \Sigma_i a_i^2 N_i + \frac{1}{2}\mu \cdot \Sigma_i \Sigma_j a_i a_j \alpha_{ij}. \tag{19}$$

Die Variationsgleichung (12) geht dann über in das Gleichungssystem

$$\frac{\partial \Pi}{\partial a_i} = 0 \qquad (i = 1, 2, 3, \ldots) \tag{20}$$

oder ausgeschrieben

$$\left\{\begin{array}{llll} \left(\alpha_{11} + \frac{N_1}{\mu}\right) \cdot a_1 + & \alpha_{12} \cdot a_2 + & \alpha_{13} \cdot a_3 + \cdots & = 0 \\ \alpha_{21} \cdot a_1 + & \left(\alpha_{22} + \frac{N_2}{\mu}\right) \cdot a_2 + & \alpha_{23} \cdot a_3 + \cdots & = 0 \\ \alpha_{31} \cdot a_1 + & \alpha_{32} \cdot a_2 + & \left(\alpha_{33} + \frac{N_3}{\mu}\right) \cdot a_3 + \cdots & = 0 \\ \vdots & \vdots & \vdots & \vdots \end{array}\right. \tag{21}$$

Dieses System homogener linearer Gleichungen hat dann und nur dann ein nicht verschwindendes Lösungssystem, wenn seine Determinante verschwindet:

$$\begin{vmatrix} \alpha_{11} + \frac{N_1}{\mu} & \alpha_{12} & \alpha_{13} & \cdots \\ \alpha_{21} & \alpha_{22} + \frac{N_2}{\mu} & \alpha_{23} & \cdots \\ \alpha_{31} & \alpha_{32} & \alpha_{33} + \frac{N_3}{\mu} & \cdots \\ \vdots & \vdots & \vdots & \end{vmatrix} = 0. \tag{22}$$

Gleichung (22) ist eine Bestimmungsgleichung für μ. Die Determinante ist von unendlich hoher Ordnung. Um die Rechnung zu vereinfachen, schlagen F. und H. Bleich vor, sich ein ungefähres Bild von der Halbwellenzahl, mit der der Stab ausknickt, mit Hilfe der Engeßerschen Formel[1]

$$w = \pi \cdot \sqrt[4]{\frac{E\,I\,l}{A}} \tag{23}$$

zu verschaffen. Dabei bedeutet w die Länge der Halbwelle. Die Zahl der Halbwellen wäre somit überschlägig durch

$$m = \left[\frac{L}{w}\right] \tag{24}$$

ausgedrückt, wobei die eckigen Klammern bedeuten, daß m die dem eingeschlossenen Ausdruck nächst benachbarte ganze Zahl ist. In (23) ist gegebenenfalls für den

[1] Engeßer: Die Zusatzkräfte und Nebenspannungen eiserner Fachwerkbrücken, II. Berlin 1893.

Elastizitätsmodul E der Knickmodul T zu setzen. Die Gleichung gilt nur für konstantes E, I, l und A. Man müßte also, wenn diese Größen stetig oder feldweise veränderlich sind, mit Mittelwerten rechnen oder besser das Maximum und das Minimum des Ausdrucks (23) bestimmen.

Wir werden später sehen, daß und warum diese Abschätzung der Wellenzahl irreführend ist und werden (in § 10d) eine andere, sehr einfache obere Grenze für die Zahl der zu berechnenden Eigenwerte angeben können.

Im allgemeinen wird es genügen, für y nach (13) näherungsweise einen dreigliedrigen Ansatz zu machen. Ist das System sowohl wie seine Belastung symmetrisch, so kann das Ausknicken nur entweder ebenfalls symmetrisch oder antimetrisch erfolgen. Man braucht dann im Rahmen derjenigen Eigenfunktionen, die man zur Konkurrenz zulassen muß [nach dem nicht richtigen Vorschlag von F. und H. Bleich wären es die Eigenfunktionen, deren Ordnung der aus (24) gewonnenen Zahl m benachbart sind], nur mit allen Kombinationen je dreier benachbarter symmetrischer und je dreier benachbarter antimetrischer Eigenfunktionen zu rechnen. Ist das Problem nicht symmetrisch, so sind auch die Eigenfunktionen nicht symmetrisch und antimetrisch und man muß die Rechnung mit jeder Kombination je dreier benachbarter Eigenfunktionen durchführen, soweit diese zur Konkurrenz zugelassen werden müssen.

Bei dreigliedrigen Ansätzen ergibt (22) eine kubische Gleichung für $1/\mu$. Der größte positive Wert, der sich für μ ergibt, bestimmt die Stützensicherheit. Bezeichnen wir die größte positive Wurzel aus der ersten Rechnung mit $\bar{\mu}_1$, aus der zweiten mit $\bar{\mu}_2$ usw., den größten der Werte $\bar{\mu}_\nu$ mit $\bar{\mu}$, so ergeben die Stützenwiderstände $\bar{\mu} \cdot A_0, \bar{\mu} \cdot A_1, \cdots, \bar{\mu} \cdot A_n$ die Knickgrenze. Ergibt sich $\bar{\mu} = 1$, so befindet sich das System mit den Stützenwiderständen A_ν, von denen wir ausgingen, an der Knickgrenze. Ergibt sich $\bar{\mu} > 1$, so knickt das System aus. Wird dagegen $\bar{\mu} < 1$, so ist das System bei den gewählten Stützenwiderständen stabil und $1/\bar{\mu}$ gibt die Stützensicherheit an. Wir führen daher noch

$$\beta = \frac{1}{\mu} \tag{25}$$

in unsere Gleichungen ein. Dann wird (22)

$$\bar{\Delta}(\beta) \equiv \begin{vmatrix} \alpha_{11} + N_1 \cdot \beta & \alpha_{12} & \alpha_{13} & \cdots \\ \alpha_{21} & \alpha_{22} + N_2 \cdot \beta & \alpha_{23} & \cdots \\ \alpha_{31} & \alpha_{32} & \alpha_{33} + N_3 \cdot \beta \cdots \\ \vdots & \vdots & \vdots \end{vmatrix} = 0. \tag{26}$$

Wir bezeichnen analog wie oben nunmehr mit $\bar{\beta}_\nu$ die **kleinste** positive Wurzel von (26) im ν-ten Rechnungsgang und mit $\bar{\beta}$ den kleinsten der Werte $\bar{\beta}_\nu$. Dann ergibt $\bar{\beta}$ unmittelbar die gesuchte Stützensicherheit.

§ 4. Formulierung des Hilfsproblems.

Als Hilfsproblem verwenden wir, wie oben bemerkt, den in Abb. 1 dargestellten Stab mit gelenkig fest gestützten Enden **ohne irgendwelche Zwischenstützen**. Dann gilt für jedes der fünf inneren Feldenden ($\nu = 1, 2, \ldots, 5$) eine Gleichung (9), wobei

$$M_0 = 0 = M_6 \tag{27}$$

ist. Mit $\varphi_\nu^{(i)}$ bezeichnen wir die i-te Eigenfunktion des Hilfsproblems im Felde ν, mit $f_\nu^{(i)}$ wie vorher ihre Ordinate an der Stütze ν. Dann haben wir in (9) f_ν für η_ν zu setzen, und es ist

$$\varphi_\nu^{(i)}(l_\nu) = f_\nu^{(i)} = \varphi_{\nu+1}^{(i)}(0); \qquad f_0^{(i)} = 0 = f_6^{(i)} \qquad (i = 1, 2, \ldots). \tag{28}$$

Für die praktische Rechnung geben wir (9) noch eine übersichtlichere Gestalt. Da der sechsfeldrige Hilfsstab nur noch eine Öffnung hat, sind alle Querkräfte Q_ν einander gleich:

$$Q_1 = Q_2 = \cdots = Q_6 = Q. \tag{29}$$

Daher vereinfachen wir das Problem wesentlich, wenn wir aus (9) mit Hilfe von (2) die Durchbiegungen f_ν eliminieren:

$$\frac{f_{\nu-1}-f_\nu}{l_\nu} = \frac{M_\nu - M_{\nu-1}}{l_\nu \cdot \lambda S_\nu} + Q \cdot \frac{1}{\lambda S_\nu} \qquad (\nu = 1, 2, \ldots, 6). \tag{30}$$

Ferner greifen wir für die ψ'_ν und ψ''_ν in (9) auf ihre Bestimmungsgleichung (6) zurück und führen folgende Abkürzungen ein:

$$\sigma_\nu = \frac{1}{S_\nu}, \qquad \sigma_{\nu,\nu+1} = \sigma_{\nu+1} - \sigma_\nu = \frac{1}{S_{\nu+1}} - \frac{1}{S_\nu}, \tag{31}$$

$$\bar{z}_\nu = l_\nu \cdot \sqrt{\frac{S_\nu}{E_\nu I_\nu}}, \qquad z_\nu = \bar{z}_\nu \cdot \sqrt{\lambda}, \tag{32}$$

$$\bar{\vartheta}_\nu = \frac{l_\nu}{E_\nu I_\nu}, \qquad \vartheta_\nu = \frac{\bar{\vartheta}_\nu}{z_\nu \sin z_\nu} = \frac{l_\nu}{E_\nu I_\nu} \cdot \frac{1}{z_\nu \sin z_\nu}, \tag{33}$$

$$\varrho_\nu = -\vartheta_\nu \cos z_\nu, \qquad \varrho_{\nu,\nu+1} = \varrho_\nu + \varrho_{\nu+1}. \tag{34}$$

Dabei sind also die σ_ν, $\sigma_{\nu,\nu+1}$ und die überstrichenen Größen durch das Problem gegebene Konstanten, unabhängig von dem als variabel anzusehenden Wert von λ. Dagegen ist z_ν eine algebraische, ϑ_ν, ϱ_ν, $\varrho_{\nu,\nu+1}$ transzendente Funktionen von λ. Mit (29) bis (34) nimmt (9) die folgende Gestalt an:

$$M_{\nu-1} \cdot \vartheta_\nu + M_\nu \cdot \varrho_{\nu,\nu+1} + M_{\nu+1} \cdot \vartheta_{\nu+1} + Q \cdot \frac{\sigma_{\nu,\nu+1}}{\lambda} = 0 \qquad (\nu = 1, 2, \ldots, 5). \tag{35}$$

Da unser Hilfsstab nur noch eine Öffnung besitzt, können wir den auf S. 3 erwähnten Kunstgriff von Ratzersdorfer auf das Hilfsproblem anwenden. Wir multiplizieren (30) mit l_ν:

$$f_{\nu-1} - f_\nu = \frac{1}{\lambda S_\nu} \cdot [(M_\nu - M_{\nu-1}) + Q \cdot l_\nu] \qquad (\nu = 1, 2, \ldots, 6) \tag{36}$$

und addieren die sechs Gleichungen (36). Dann heben sich auf der linken Seite sämtliche Durchbiegungen bis auf f_0 und f_6 heraus, die ihrerseits nach (28) beide verschwinden. Wir erhalten also, indem wir mit $-\lambda$ multiplizieren,

$$M_1 \cdot \sigma_{12} + M_2 \cdot \sigma_{23} + M_3 \cdot \sigma_{34} + M_4 \cdot \sigma_{45} + M_5 \cdot \sigma_{56} - Q \cdot \sum_{\nu=1}^{6} l_\nu \sigma_\nu = 0. \tag{37}$$

Gleichung (37) und die fünf Gleichungen (35) sind sechs homogene lineare Gleichungen für die sechs Unbekannten $M_1, M_2, \ldots, M_5, Q$. Sie haben dann und nur dann nicht sämtlich gleichzeitig verschwindende Lösungen, wenn ihre Determinante verschwindet. Das ergibt die Knickdeterminante des Hilfsproblems, die eine transzendente Gleichung zur Bestimmung der Eigenwerte $\lambda^{(i)}$ des Hilfsproblems liefert.

Bisher haben wir von der Gleichheit der Feldlängen l_ν keinen Gebrauch gemacht. Sie vereinfacht lediglich die Gleichung (37) ein wenig. Wir schreiben für diesen Fall das Gleichungssystem (35)/(37) noch einmal vollständig an und erhalten mit der Abkürzung

$$\sum_{\nu=1}^{6} \sigma_\nu = \Sigma, \tag{38}$$

$$\text{(I)} \quad M_1 \cdot \varrho_{12} + M_2 \cdot \vartheta_2 + Q \cdot \frac{\sigma_{12}}{\lambda} = 0,$$

$$\text{(II)} \quad M_1 \cdot \vartheta_2 + M_2 \cdot \varrho_{23} + M_3 \cdot \vartheta_3 + Q \cdot \frac{\sigma_{23}}{\lambda} = 0,$$

$$\text{(III)} \quad M_2 \cdot \vartheta_3 + M_3 \cdot \varrho_{34} + M_4 \cdot \vartheta_4 + Q \cdot \frac{\sigma_{34}}{\lambda} = 0,$$

$$\text{(IV)} \quad M_3 \cdot \vartheta_4 + M_4 \cdot \varrho_{45} + M_5 \cdot \vartheta_5 + Q \cdot \frac{\sigma_{45}}{\lambda} = 0,$$

$$\text{(V)} \quad M_4 \cdot \vartheta_5 + M_5 \cdot \varrho_{56} + Q \cdot \frac{\sigma_{56}}{\lambda} = 0,$$

$$\text{(VI)} \quad M_1 \cdot \sigma_{12} + M_2 \cdot \sigma_{23} + M_3 \cdot \sigma_{34} + M_4 \cdot \sigma_{45} + M_5 \cdot \sigma_{56} - Q \cdot l\, \Sigma = 0.$$

Die Eigenwertgleichung des Hilfsproblems ist also, wenn wir die letzte Spalte der Determinante noch mit λ multiplizieren,

$$(39)\qquad \Delta(\lambda) \equiv \begin{vmatrix} \varrho_{12} & \vartheta_2 & 0 & 0 & 0 & \sigma_{12} \\ \vartheta_2 & \varrho_{23} & \vartheta_3 & 0 & 0 & \sigma_{23} \\ 0 & \vartheta_3 & \varrho_{34} & \vartheta_4 & 0 & \sigma_{34} \\ 0 & 0 & \vartheta_4 & \varrho_{45} & \vartheta_5 & \sigma_{45} \\ 0 & 0 & 0 & \vartheta_5 & \varrho_{56} & \sigma_{56} \\ \sigma_{12} & \sigma_{23} & \sigma_{34} & \sigma_{45} & \sigma_{56} & -\lambda l \Sigma \end{vmatrix} = 0\,.$$

Es bleibt also statt der elfreihigen Determinante, auf die das Hauptproblem bei unmittelbarer Behandlung führen würde, nur eine sechsreihige Determinante zu untersuchen. Dadurch, daß wir den variablen Faktor λ von vornherein von den gegebenen Kräften S_ν abgetrennt und zweimal mit λ multipliziert haben, sind 10 der 24 nicht verschwindenden Elemente der Determinante von λ unabhängig geworden. Das vereinfacht die folgende Rechnung wesentlich. Bei Ratzersdorfer dagegen sind sämtliche (in unserem Fall 24) Elemente von λ abhängig (vgl. etwa das Beispiel „R", S. 270). Die zweimalige Multiplikation mit λ müßte nur bei einer Betrachtung der Stelle $\lambda = 0$ berücksichtigt werden, die aber im allgemeinen nicht interessiert, da ihr nur die triviale Lösung des Problems (unverformter Stab) entspricht.

Die Wurzeln der Gleichung (39) sind die Eigenwerte $\lambda^{(i)}$ des Hilfsproblems. Wir zählen sie der Größe nach.

Gleichung (39) ist eine sehr verwickelte transzendente Gleichung in λ, deren Wurzeln nur durch Probieren zu finden sind. Stets wird man versuchen, aus den Eigenheiten des Problems zunächst einen ungefähren Überblick über die vermutliche Verteilung der Wurzeln zu gewinnen. Dann könnte man mit einem solchen Näherungswert mittels der Gleichungen (II) bis (VI) M_1 und M_2 durch Q ausdrücken und sodann aus Gleichung (I) eine neue Näherung für den betreffenden Eigenwert gewinnen. Das Verfahren ist jedoch nicht zu empfehlen, denn einmal hängt seine Konvergenz wesentlich von der Güte der ersten Näherungen ab und zweitens gewinnt man dabei nicht den geringsten Überblick über den Gesamtverlauf der Funktion $\Delta(\lambda)$. Man müßte dann, wenn man eine Nullstelle gefunden hat, erst durch umständliche Untersuchungen feststellen, um welche Nullstelle es sich eigentlich handelt.

Das zweite mögliche Verfahren, mit dem die folgende Rechnung durchgeführt wurde, gibt automatisch einen vollständigen Überblick über den Gesamtverlauf der Funktion $\Delta(\lambda)$ und damit eine für die praktische Rechnung fruchtbare Übersicht über das Gesamtproblem. Es besteht darin, aus (39) eine größere Anzahl Werte von $\Delta(\lambda)$ unmittelbar zu berechnen und die Nullstellen durch geeignete, jeweils den besonderen Umständen angepaßte Interpolationsverfahren aus diesen Werten zu ermitteln. Zu diesem Zweck muß man die Determinante (39) auswerten. Wir führen noch die folgenden Abkürzungen ein:

$$(40)\qquad \Lambda_\nu = \vartheta_\nu \cdot \lambda l \Sigma + 2\,\sigma_{\nu-1,\nu} \cdot \sigma_{\nu,\nu+1}\,,$$

$$(41)\qquad \Theta_{\nu,\nu+1} = \vartheta_\nu \cdot \sigma_{\nu+1,\nu+2} - \vartheta_{\nu+1} \cdot \sigma_{\nu-1,\nu}\,.$$

Weiter ordnen wir nach den auftretenden Produkten der Diagonalglieder in (39) und fassen die Summanden nach dem Charakter dieser Produkte zu Gruppen zusammen, die wir mit römischen Ziffern numerieren. Dann geht (39) über in

$$(42)\qquad \Delta(\lambda) \equiv$$

$$\begin{array}{ll} \mathrm{I} & -\varrho_{12}\varrho_{23}\varrho_{34}\varrho_{45}\varrho_{56}\cdot\lambda l\Sigma \\ \mathrm{II}_1 & -\varrho_{23}\varrho_{34}\varrho_{45}\varrho_{56}\cdot\sigma_{12}^2 \\ {}_2 & -\varrho_{12}\varrho_{34}\varrho_{45}\varrho_{56}\cdot\sigma_{23}^2 \\ {}_3 & -\varrho_{12}\varrho_{23}\varrho_{45}\varrho_{56}\cdot\sigma_{34}^2 \\ {}_4 & -\varrho_{12}\varrho_{23}\varrho_{34}\varrho_{56}\cdot\sigma_{45}^2 \\ {}_5 & -\varrho_{12}\varrho_{23}\varrho_{34}\varrho_{45}\cdot\sigma_{56}^2 \end{array}$$

(Fortsetzung siehe nächste Seite.)

(42) (Fortsetzung)

$$
\Delta(\lambda) \equiv
\begin{array}{lll}
\mathrm{III}_1 & + \qquad\qquad \varrho_{34}\,\varrho_{45}\,\varrho_{56} & \cdot\, \vartheta_2\,\Lambda_2 \\
\quad 3 & + \varrho_{12} \qquad\qquad \varrho_{45}\,\varrho_{56} & \cdot\, \vartheta_3\,\Lambda_3 \\
\quad 3 & + \varrho_{12}\,\varrho_{23} \qquad\qquad \varrho_{56} & \cdot\, \vartheta_4\,\Lambda_4 \\
\quad 4 & + \varrho_{12}\,\varrho_{23}\,\varrho_{34} & \cdot\, \vartheta_5\,\Lambda_5 \\
\mathrm{IV}_1 & + \qquad\qquad \varrho_{45}\,\varrho_{56} & \cdot\, \Theta_{23}^2 \\
\quad 2 & + \varrho_{12} \qquad\qquad \varrho_{56} & \cdot\, \Theta_{34}^2 \\
\quad 3 & + \varrho_{12}\,\varrho_{23} & \cdot\, \Theta_{45}^2 \\
\mathrm{V}_1 & + \qquad \varrho_{34}\,\varrho_{45} & \cdot\, \vartheta_2^2 \cdot \sigma_{56}^2 \\
\quad 2 & + \qquad \varrho_{23}\,\varrho_{34} & \cdot\, \vartheta_5^2 \cdot \sigma_{12}^2 \\
\mathrm{VI}_1 & + \qquad \varrho_{34} \qquad \varrho_{56} & \cdot\, \vartheta_2^2 \cdot \sigma_{45}^2 \\
\quad 2 & + \varrho_{12} \qquad \varrho_{34} & \cdot\, \vartheta_5^2 \cdot \sigma_{23}^2 \\
\mathrm{VII}_1 & + \quad \varrho_{23} \qquad \varrho_{56} & \cdot\, \vartheta_4^2 \cdot \sigma_{12}^2 \\
\quad 2 & + \varrho_{12} \qquad \varrho_{45} & \cdot\, \vartheta_3^2 \cdot \sigma_{56}^2 \\
\mathrm{VIII}_1 & - \qquad\qquad \varrho_{56} & \cdot\, \vartheta_2\,\vartheta_4 \cdot (\vartheta_2\,\Lambda_4 - \Theta_{34} \cdot 2\,\sigma_{12}) \\
\quad 2 & - \qquad \varrho_{34} & \cdot\, \vartheta_5\,\vartheta_2 \cdot (\vartheta_5\,\Lambda_2 + \vartheta_2 \cdot 2\,\sigma_{45}\,\sigma_{56}) \\
\quad 3 & - \varrho_{12} & \cdot\, \vartheta_3\,\vartheta_5 \cdot (\vartheta_3\,\Lambda_5 - \Theta_{45} \cdot 2\,\sigma_{23}) \\
\mathrm{IX}_1 & - & \vartheta_2^2\,\Theta_{45}^2 \\
\quad 2 & - & \vartheta_5^2\,\Theta_{23}^2 \\
\mathrm{X}_1 & + & \vartheta_2^2\,\vartheta_5^2 \cdot \sigma_{34}^2 \\
\quad 2 & - & \vartheta_2\,\vartheta_3\,\vartheta_4\,\vartheta_5 \cdot 2\,\sigma_{12}\,\sigma_{56} \qquad = 0.
\end{array}
$$

Wir werden die einzelnen Summanden künftig nach der Numerierung in (42) kurz als Summand III_2, Summand II_4 usw. bezeichnen. Die Indizes bedeuten in (42) stets — auch in den Doppelindizes — die Feldnummer des Stabes. Da es gleichgültig ist, ob wir die Felder von links oder von rechts zählen, muß (42) in sich selbst übergehen, wenn wir in allen Indizes 1 mit 6, 2 mit 5, 3 mit 4 vertauschen. Man erkennt leicht, daß dies der Fall ist. Jede Gruppe geht dabei offensichtlich in sich selbst über, wobei (mit Ausnahme der Gruppe X, bei der jeder Summand in sich selbst übergeht), die Reihenfolge der Summanden umgekehrt wird. Zu beachten ist, daß nach (34) $\varrho_{\nu+1,\nu} = + \varrho_{\nu,\nu+1}$, nach (31) $\sigma_{\nu+1,\nu} = - \sigma_{\nu,\nu+1}$ und nach (41) $\Theta_{\nu+1,\nu} = + \Theta_{\nu,\nu+1}$ ist. Gruppe VIII geht also über in

$$
(42\,\mathrm{a}) \qquad \left\{
\begin{array}{lll}
\mathrm{VIII}_1 & \qquad\qquad - \varrho_{56} & \cdot\, \vartheta_4\,\vartheta_2 \cdot (\vartheta_4\,\Lambda_2 + \Theta_{23} \cdot 2\,\sigma_{45}) \\
\quad 2 & \qquad - \varrho_{34} & \cdot\, \vartheta_2\,\vartheta_5 \cdot (\vartheta_2\,\Lambda_5 + \vartheta_5 \cdot 2\,\sigma_{12}\,\sigma_{23}) \\
\quad 3 & - \varrho_{12} & \cdot\, \vartheta_5\,\vartheta_3 \cdot (\vartheta_5\,\Lambda_3 + \Theta_{34} \cdot 2\,\sigma_{56}),
\end{array}\right.
$$

wenn man den dritten Summanden zuerst, den ersten zuletzt schreibt. Führt man die Ausdrücke (40) und (41) für Λ_ν und $\Theta_{\nu,\nu+1}$ ein, so überzeugt man sich leicht, daß die Ausdrücke (42) und (42a) für VIII identisch sind. Da fast alle bei der Rechnung verwendeten Größen in den Beiwerten von VIII auftreten, ist die doppelte Berechnung dieser Beiwerte nach (42) und (42a) eine ausgezeichnete und bequeme Rechenkontrolle, die bei der weiteren Rechnung stets angewendet wurde. Als ,,Beiwert" bezeichnen wir hier bei jedem Summanden diejenigen Faktoren, die nach Abtrennung sämtlicher Faktoren $\varrho_{\nu,\nu+1}$ übrigbleiben.

Man beachte ferner, daß in unserer Indexschreibweise — außer bei den $\sigma_{\nu,\nu+1}$! — das Auftreten des Index ν stets besagt, daß in der betreffenden Größe ϑ_ν linear enthalten ist, bei einfachen Indizes als einziges ϑ, beim Doppelindex $\nu, \nu+1$ additiv verbunden mit $\vartheta_{\nu+1}$. Das wird die weiteren Untersuchungen gelegentlich erheblich erleichtern.

Nach (31), (32) und (33) bestimmen wir als Grundlage der Zahlenrechnung zunächst die von λ unabhängigen Größen, die wir zur Berechnung des Ausdrucks (42) brauchen. Wir werden dabei im allgemeinen mit 7 geltenden Ziffern rechnen. Wir müssen die $\lambda^{(i)}$ — besonders die höheren Eigenwerte — so genau bestimmen, weil später, bei der Auflösung des Gleichungssystems (I) bis (VI) sich eine größere Zahl geltender Ziffern fortheben wird. Aus den gegebenen Zahlen der Tabelle A in § 1 ergibt sich:

Von λ unabhängige Größen.

(B)

$\sigma_\nu = \frac{1}{S_\nu}$	σ_1	σ_2	σ_3	σ_4	σ_5	σ_6	$\Sigma = \sum_{\nu=1}^{6} \sigma_\nu$	$l\,\Sigma$
	$+7{,}462\,687 \cdot 10^{-3}$	$+3{,}816\,794 \cdot 10^{-3}$	$+2{,}557\,5448 \cdot 10^{-3}$	$+1{,}953\,1250 \cdot 10^{-3}$	$+1{,}531\,3936 \cdot 10^{-3}$	$+1{,}062\,6993 \cdot 10^{-3}$	$+18{,}384\,244 \cdot 10^{-3}$	$+11{,}030\,546$

$\sigma_{\nu,\nu+1} = \sigma_{\nu+1} - \sigma_\nu$	σ_{12}	σ_{23}	σ_{34}	σ_{45}	σ_{56}
	$-3{,}645\,893 \cdot 10^{-3}$	$-1{,}259\,249 \cdot 10^{-3}$	$-0{,}604\,4198 \cdot 10^{-3}$	$-0{,}421\,7314 \cdot 10^{-3}$	$-0{,}468\,6943 \cdot 10^{-3}$

$\sigma^2_{\nu,\nu+1}$	Π_1: σ^2_{12}	Π_2: σ^2_{23}	Π_3: σ^2_{34}	Π_4: σ^2_{45}	Π_5: σ^2_{56}
	$+13{,}292\,536 \cdot 10^{-6}$	$+1{,}585\,708 \cdot 10^{-6}$	$+0{,}365\,3233 \cdot 10^{-6}$	$+0{,}177\,8574 \cdot 10^{-6}$	$+0{,}219\,6743 \cdot 10^{-6}$

$2\,\sigma_{\nu,\nu+1}$	$2\,\sigma_{12}$	$2\,\sigma_{23}$	$2\,\sigma_{34}$	$2\,\sigma_{45}$	$2\,\sigma_{56}$
	$-7{,}291\,786 \cdot 10^{-3}$	$-2{,}518\,498 \cdot 10^{-3}$	$-1{,}208\,8396 \cdot 10^{-3}$	$-0{,}843\,4628 \cdot 10^{-3}$	$-0{,}937\,3886 \cdot 10^{-3}$

$2\,\sigma_{12}\,\sigma_{23}$: $+9{,}182\,174 \cdot 10^{-6}$	—	—	$2\,\sigma_{12}\,\sigma_{56}$: $+3{,}417\,639 \cdot 10^{-6}$	
	$2\,\sigma_{23}\,\sigma_{34}$: $+1{,}522\,230 \cdot 10^{-6}$	—	—	
		$2\,\sigma_{34}\,\sigma_{45}$: $+0{,}509\,8056 \cdot 10^{-6}$	—	
			$2\,\sigma_{45}\,\sigma_{56}$: $+0{,}395\,3262 \cdot 10^{-6}$	

	$\bar z_1$ / $\bar\vartheta_1$	$\bar z_2$ / $\bar\vartheta_2$	$\bar z_3$ / $\bar\vartheta_3$	$\bar z_4$ / $\bar\vartheta_4$	$\bar z_5$ / $\bar\vartheta_5$	$\bar z_6$ / $\bar\vartheta_6$
$\bar z_\nu = l_\nu \cdot \sqrt{\frac{S_\nu}{E_\nu J_\nu}}$	$+0{,}719\,018$	$+1{,}005\,398$	$+1{,}002\,836$	$+0{,}961\,154$	$+1{,}085\,462$	$+1{,}185\,033$
$\bar\vartheta_\nu = \frac{l_\nu}{E_\nu J_\nu}$	$+6{,}430\,179 \cdot 10^{-6}$	$+6{,}430\,179 \cdot 10^{-6}$	$+4{,}286\,786 \cdot 10^{-6}$	$+3{,}007\,217 \cdot 10^{-6}$	$+3{,}007\,217 \cdot 10^{-6}$	$+2{,}487\,253 \cdot 10^{-6}$

Mit den $\sigma^2_{\nu,\nu+1}$ haben wir bereits für alle Werte von λ die Beiwerte der Gruppe II. Wir haben diese Zahlenreihe daher entsprechend numeriert und durch Fettdruck hervorgehoben.

§ 5. Zwei Überschlagsrechnungen.

Bevor wir die Rechnung weiterführen, versuchen wir, einige ungefähre Anhaltspunkte zu gewinnen. Obgleich, wie erwähnt, die überschlägige Bestimmung der Halbwellenzahl, mit der der Stab ausknickt, aus (23) und (24) irreführend ist, sei diese Rechnung hier nach dem Vorschlag von F. und H. Bleich durchgeführt, um ihre Ergebnisse später mit unseren Ergebnissen vergleichen zu können.

In unserm Fall sind I und A feldweise verschieden. Wir suchen nach der Tabelle A erstens dasjenige Feld, bei dem sich der größte Wert von w ergibt, zweitens dasjenige Feld, bei dem wir den kleinsten Wert von w erhalten, und drittens bilden wir das arithmetische Mittel aller I_ν und aller A_ν und setzen diese Werte in (23) und (24) ein. Dann erhalten wir

$$\text{(C)}\quad \left\{\begin{array}{llll} w_{\max} = 1193\,\text{cm}, & \frac{L}{w} \cong 3{,}0 & \text{also als Halbwellenzahl} & 3, \\ w_{\text{mitt}} = 1014\,\text{cm}, & \frac{L}{w} \cong 3{,}5 & ,, \quad ,, \quad\quad ,, & 3 \text{ bis } 4, \\ w_{\min} = 835{,}5\,\text{cm}, & \frac{L}{w} \cong 4{,}2 & ,, \quad ,, \quad\quad ,, & 4 \text{ bis } 5. \end{array}\right.$$

Darnach hätten wir mit wahrscheinlich vier, höchstens fünf Halbwellen zu rechnen. Nach F. und H. Bleich müßte daraus der Schluß gezogen werden, daß als äußerste Kombination noch mit

$$y = a_5\,\varphi^{(5)} + a_6\,\varphi^{(6)} + a_7\,\varphi^{(7)}$$

zu rechnen wäre. Das heißt, wir müßten die sieben ersten Eigenwerte des Hilfsproblems, die sieben kleinsten positiven Wurzeln von (39) bzw. (42) berechnen. Tatsächlich aber brauchen wir, wie wir sehen werden (vgl. § 10d), zur Bestimmung der Stützensicherheit nur die vier ersten Eigenwerte. Da in diesem Fall jedoch das Problem und das Bleichsche Verfahren in ihrer ganzen Breite und Tiefe untersucht werden sollten, wurden die Eigenwerte sogar bis einschließlich des achten bestimmt.

Nunmehr wollen wir uns einen Anhaltspunkt für die Lage der Nullstellen des Hilfsproblems verschaffen. Die Gleichung der Eigenfunktionen ist

$$\varphi'' + \lambda \cdot \frac{S(x)}{E\,I(x)} \cdot \varphi = 0. \tag{43}$$

Wäre $\frac{S(x)}{E\,I(x)}$ konstant, so könnten wir sofort die Eigenwerte von (43) zu den Randbedingungen $\varphi(0) = \varphi(L) = 0$ angeben. Sie wären dann

$$\lambda^{(n)} = n^2\,\pi^2 \cdot \frac{1}{L^2} \cdot \left(\frac{E\,I}{S}\right). \tag{44}$$

Wir betrachten nun eine Lösung y der Differentialgleichung $y'' + p(x) \cdot y = 0$ und eine Lösung z der Differentialgleichung $z'' + q(x) \cdot z = 0$, beide im Intervall $0 \leq x \leq L$. Beide Lösungen mögen für $x = 0$ verschwinden. Ist dann in dem ganzen Intervall $p(x) \geq q(x) > 0$ und ist $p(x)$ nicht identisch gleich $q(x)$, so besagt eines der Oszillationstheoreme für Sturm-Liouvillesche Differentialgleichungen, daß die erste innere Nullstelle von y vor der ersten von z liegt, die zweite Nullstelle von y vor der zweiten von z usw. Daraus folgt unmittelbar: Sind zwei Randwertprobleme $y'' + \lambda\,p(x) \cdot y = 0$ und $y'' + \mu\,q(x) \cdot y = 0$ gegeben, beide mit den Randbedingungen $y(0) = y(L) = 0$, und stehen p und q in der oben betrachteten Beziehung zueinander, so ist jeder Eigenwert $\lambda^{(i)}$ des ersten Problems kleiner als der entsprechende $\mu^{(i)}$ des zweiten Problems. Das Theorem wird zwar im allgemeinen nur für stetige Funktionen p und q ausgesprochen. Doch gilt es auch in unserem Fall, in dem $\frac{S(x)}{E\,I(x)}$ stückweise stetig ist.

Bei uns ist E konstant, aber $\frac{S(x)}{I(x)}$ von Feld zu Feld variabel. Nehmen wir in (43) $\frac{S(x)}{I(x)}$ im ganzen Intervall $0 \leq x \leq L$ konstant gleich seinem größten Wert an und bestimmen aus (44) die zugehörigen Eigenwerte, so müssen diese nach dem erwähnten Theorem sämtlich kleiner sein als die entsprechenden Eigenwerte unseres Problems. Damit bekommen wir also untere Schranken für unsere Eigenwerte. Nehmen wir dagegen $\frac{S(x)}{I(x)}$ im ganzen Intervall konstant gleich seinem kleinsten Wert an, so erhalten wir umgekehrt aus (44) für jeden unserer Eigenwerte eine obere Schranke.

Tabelle A entnehmen wir, daß S/I seinen größten Wert im Felde 6 hat. Dort ist rund $S/I = 8{,}39 \cdot 10^{-3}$ und damit ergibt sich aus (44)

(D)

	$\lambda^{(1)}$	$\lambda^{(2)}$	$\lambda^{(3)}$	$\lambda^{(4)}$	$\lambda^{(5)}$	$\lambda^{(6)}$	$\lambda^{(7)}$	$\lambda^{(8)}$
$\lambda^{(\nu)}$	0,20	0,78	1,76	3,13	4,88	7,03	9,57	12,5

Das sind also untere Schranken für die gesuchten Eigenwerte. Sodann führen wir dieselbe Rechnung mit dem kleinsten Wert, den S/I annimmt, durch, mit dem Wert $S/I = 3{,}09 \cdot 10^{-3}$ (Feld 1). Damit erhalten wir als obere Schranken für unsere Eigenwerte

(E)

	$\lambda^{(1)}$	$\lambda^{(2)}$	$\lambda^{(3)}$	$\lambda^{(4)}$	$\lambda^{(5)}$	$\lambda^{(6)}$	$\lambda^{(7)}$	$\lambda^{(8)}$
$\lambda^{(\nu)}$	0,52	2,07	4,66	8,28	12,9	18,6	25,4	33,1

Jeder Eigenwert unseres Hilfsproblems muß nach dem oben Gesagten zwischen den entsprechenden Ziffern der Tabellen D und E liegen. Die Schranken sind weit. Aber sie werden uns trotzdem wichtige Dienste leisten. Nur bei den ersten Eigenwerten allerdings werden wir sie unmittelbar als ersten Anhaltspunkt für die Rechnung benutzen können.

§ 6. Die Pole der Funktion $\Delta(\lambda)$.

Um mit Sicherheit sagen zu können, ob zwischen einem positiven und einem negativen Wert von $\Delta(\lambda)$ eine Nullstelle zu suchen ist, müssen wir wissen, ob die Funktion in diesem Intervall stetig ist. Da in (39) λ nur rational und in trigonometrischen Funktionen eingeht, sind die einzigen möglichen Singularitäten Pole. Sie können nach (33) an denjenigen Stellen auftreten, an denen einer der sechs $\sin z_\nu$ verschwindet, also für diejenigen Werte von λ, die eine der sechs Größen z_ν gleich einem ganzen Vielfachen von π machen. Da nach (32) $z_\nu = \bar{z}_\nu \sqrt{\lambda}$ ist und alle $\bar{z}_\nu$ voneinander verschieden sind, muß an jeder solchen Stelle sich tatsächlich ein Pol befinden. Wir werden weiter sehen, daß alle diese Pole einfache Pole sind. Die Stellen der Pole bezeichnen wir mit $\bar{\lambda}_\nu^{(n)}$. Der untere Index gibt an, welches z_ν gleich einem Vielfachen von π, d. h. welches ϑ_ν unendlich wird. Der obere Index gibt an, gleich welchem Vielfachen von π das betreffende z_ν wird. Wir setzen also

$$z_\nu = \bar{z}_\nu \cdot \sqrt{\bar{\lambda}_\nu^{(n)}} = n\pi, \qquad \bar{\lambda}_\nu^{(n)} = n^2 \cdot \frac{\pi^2}{\bar{z}_\nu^2} \qquad (n = 1, 2, \ldots). \tag{45}$$

Die sechs Pole für $n = 1$ entsprechen also gerade den Eulerlasten der sechs Einzelfelder $\bar{\lambda}_\nu^{(1)} \cdot S_\nu = \frac{\pi^2}{l_\nu^2} \cdot E_\nu I_\nu$.

Eine Überschlagsrechnung mit dem Rechenschieber ergibt für $n = 1$

(F)

	$\bar{\lambda}_1^{(1)}$	$\bar{\lambda}_2^{(1)}$	$\bar{\lambda}_3^{(1)}$	$\bar{\lambda}_4^{(1)}$	$\bar{\lambda}_5^{(1)}$	$\bar{\lambda}_6^{(1)}$
$\bar{\lambda}_\nu^{(1)}$	19,1	9,76	9,81	10,68	8,38	7,03
	$\vartheta_1 \to \infty$	$\vartheta_2 \to \infty$	$\vartheta_3 \to \infty$	$\vartheta_4 \to \infty$	$\vartheta_5 \to \infty$	$\vartheta_6 \to \infty$

Der kleinste der Werte $\bar{\lambda}_\nu^{(2)}$ ist mithin $\bar{\lambda}_6^{(2)} = 28{,}1$. Dieser Wert ist fast so groß wie die obere Schranke 33,1, die Tabelle E für den größten in Betracht zu ziehenden Eigenwert $\lambda^{(8)}$ ergibt. Wir beschränken unsere Betrachtungen daher auf den Bereich $\lambda < 28{,}1$, d. h. auf die ersten sechs Pole, $n = 1$, und können infolgedessen den oberen Index bei den $\bar{\lambda}_\nu$ künftig fortlassen.

Um ein klares Bild von dem Gesamtverlauf der Funktion $\Delta(\lambda)$ zu erhalten, berechnen wir die Residuen der sechs Pole. Mit wenig Mühe können wir im gleichen Rechnungsgang die bei Annäherung an den Pol endlich bleibenden Glieder von $\Delta(\lambda)$ berechnen, die uns teilweise später zu Interpolationszwecken nützlich sein werden. Analytisch bedeutet dies, daß wir $\Delta(\lambda)$ in der Umgebung des Poles $\bar{\lambda}_\nu$ in eine Laurentsche Reihe entwickeln. Die behauptete Einfachheit der Pole zunächst vorausgesetzt, hat diese Reihe die Form

$$\Delta(\lambda) = \frac{R_\nu}{\lambda - \bar{\lambda}_\nu} + c_0 + c_1(\lambda - \bar{\lambda}_\nu) + c_2 \cdot (\lambda - \bar{\lambda}_\nu)^2 + \cdots = \frac{R_\nu}{\lambda - \bar{\lambda}_\nu} + g_\nu(\lambda). \tag{46}$$

Darin bedeutet R_ν das Residuum und $g_\nu(\lambda)$ eine Funktion von λ, die in der Umgebung von $\bar{\lambda}_\nu$ regulär, also insbesondere beschränkt und stetig ist. Da — wie man sich leicht überzeugt — in (42) mit (40) und (41) kein ϑ_ν in einer höheren Potenz als der zweiten auftritt, können wir andererseits setzen

$$\Delta(\lambda) = Z_\nu(\lambda) \cdot \vartheta_\nu^2 - Y_\nu(\lambda) \cdot \vartheta_\nu + X_\nu(\lambda), \tag{47}$$

wobei Z_ν, Y_ν, X_ν von ϑ_ν unabhängig sind und für $\lambda \to \bar{\lambda}_\nu$ stetig bleiben. Vergleicht man (46) und (47) unter Berücksichtigung von (33), so ergibt sich, daß $Y_\nu(\bar{\lambda}_\nu)$ bis auf einen von λ unabhängigen, positiven Faktor gleich dem Residuum R_ν ist. Denn aus (45) folgt mit

$$z_\nu = \pi - \zeta_\nu, \tag{48}$$

$$(49)\quad \left\{\begin{aligned} & -Y_\nu(\lambda) \cdot \vartheta_\nu = -Y_\nu(\lambda) \cdot \frac{\bar{\vartheta}_\nu}{z_\nu \sin z_\nu} = -Y_\nu(\lambda) \cdot \frac{\bar{\vartheta}_\nu}{\bar{z}_\nu^2} \cdot \frac{1}{\bar{\lambda}_\nu \cdot \sqrt{\frac{\lambda}{\bar{\lambda}_\nu}} - \lambda} \cdot \frac{1}{1 - \frac{1}{3!}\zeta_\nu^2 + - \cdots} \\ & \lim_{\lambda \to \bar{\lambda}_\nu} [(\lambda - \bar{\lambda}_\nu) \cdot (-Y_\nu(\lambda)\,\vartheta_\nu)] = + Y_\nu(\bar{\lambda}_\nu) \cdot \frac{\bar{\vartheta}_\nu}{\bar{z}_\nu^2}, \qquad + Y_\nu(\bar{\lambda}_\nu) \cdot \frac{\bar{\vartheta}_\nu}{\bar{z}_\nu^2} = R_\nu. \end{aligned}\right.$$

Ergibt sich mithin $Y_\nu(\bar{\lambda}_\nu)$ positiv, so sinkt mit zunehmendem λ bei Annäherung an $\bar{\lambda}_\nu$ der Wert von $\Delta(\lambda)$ unter alle negativen Schranken. Bei negativem $Y_\nu(\bar{\lambda}_\nu)$ dagegen wächst $\Delta(\lambda)$ mit wachsendem λ bei Annäherung an $\bar{\lambda}_\nu$ über alle positiven Schranken. Allgemein folgt aus (49) und (47)

$$\lim_{\lambda \to \bar{\lambda}_\nu} \frac{\Delta(\lambda)}{\vartheta_\nu} = Y_\nu(\bar{\lambda}_\nu) = \frac{\bar{z}_\nu^2}{\bar{\vartheta}_\nu} \cdot R_\nu. \tag{50}$$

Dabei ist wieder vorausgesetzt, daß alle Pole wirklich einfache Pole sind. Als notwendige und hinreichende Bedingung für die Richtigkeit dieser Behauptung folgt aus (47), daß $Z_\nu(\lambda) \cdot \vartheta_\nu^2$ bei Annäherung von λ an $\bar{\lambda}_\nu$ beschränkt bleibt. Das schließt als notwendige Bedingung ein, daß $Z_\nu(\bar{\lambda}_\nu)$ verschwindet. Die Beschränktheit von $Z_\nu(\lambda) \cdot \vartheta_\nu^2$ für $\lambda \to \bar{\lambda}_\nu$ werden wir für jeden Pol, bei dem überhaupt quadratische Glieder auftreten, nachzuweisen haben.

Aus dem Vergleich von (46), (47) und (50) ergibt sich dann, daß die am Pol $\bar{\lambda}_\nu$ endlich bleibenden Glieder den Wert

$$X_\nu(\bar{\lambda}_\nu) + \lim_{\lambda \to \bar{\lambda}_\nu} Z_\nu(\lambda) \cdot \vartheta_\nu^2$$

haben. Nach diesen allgemeinen Bemerkungen können wir die Untersuchung der einzelnen Pole beginnen.

a) Der erste Pol (ϑ_6).

Unsere Indexschreibweise der Gleichung (42) läßt uns sofort überschauen, daß beim ersten Pol, der nach Tabelle F bei $\bar{\lambda}_6 = 7{,}03$, also bei $z_6 = \pi$ liegt, quadratische Glieder überhaupt nicht vorkommen. Nach (47) ist also

$$Z_6(\lambda) \equiv 0$$

zu setzen. Dieser Pol ist demnach sicher von erster Ordnung. In den Beiwerten tritt ϑ_6, das an diesem Pol über alle Schranken wächst, nicht auf. Es kommt lediglich in ϱ_{56} vor. Wir setzen also

$$\varrho_{56} = \varrho_5 + \varrho_6 = \varrho_5 - \vartheta_6 \cdot \cos z_6. \tag{51}$$

Damit erhalten wir aus (42), wenn wir den Faktor von ϱ_{56} mit B_6 bezeichnen,

(52) $$Y_6(\lambda) = B_6(\lambda) \cdot \cos z_6$$

und somit, da $\lim\limits_{\lambda \to \bar{\lambda}_6} z_6 = \pi$ ist,

(53) $$Y_6(\bar{\lambda}_6) = - B_6(\bar{\lambda}_6)\,.$$

Darin bedeutet nach (42) B_6 die folgende Funktion von λ:

(54) $$B_6(\lambda) =$$

$$\begin{array}{ll}
\mathrm{I} & - \varrho_{12}\,\varrho_{23}\,\varrho_{34}\,\varrho_{45} \cdot \lambda\, l\, \Sigma \\
\mathrm{II}_1 & - \phantom{\varrho_{12}}\,\varrho_{23}\,\varrho_{34}\,\varrho_{45} \cdot \sigma_{12}^2 \\
2 & - \varrho_{12}\,\varrho_{34}\,\varrho_{45} \cdot \sigma_{23}^2 \\
3 & - \varrho_{12}\,\varrho_{23}\,\varrho_{45} \cdot \sigma_{34}^2 \\
4 & - \varrho_{12}\,\varrho_{23}\,\varrho_{34} \cdot \sigma_{45}^2 \\
\mathrm{III}_1 & + \varrho_{34}\,\varrho_{45} \cdot \vartheta_2 \Lambda_2 \\
2 & + \varrho_{12}\,\varrho_{45} \cdot \vartheta_3 \Lambda_3 \\
3 & + \varrho_{12}\,\varrho_{23} \cdot \vartheta_4 \Lambda_4 \\
\mathrm{IV}_1 & + \varrho_{45} \cdot \Theta_{23}^2 \\
2 & + \varrho_{12} \cdot \Theta_{34}^2 \\
\mathrm{VI}_1 & + \varrho_{34} \cdot \vartheta_2^2 \cdot \sigma_{45}^2 \\
\mathrm{VII}_1 & + \varrho_{23} \cdot \vartheta_4^2 \cdot \sigma_{12}^2 \\
\mathrm{VIII}_1 & - \cdot \vartheta_2 \vartheta_4 \cdot (\vartheta_2 \Lambda_4 - \Theta_{34} \cdot 2\,\sigma_{12})
\end{array}$$

In (54) ist bei jedem Summanden angegeben, aus welchem Glied der Gleichung (42) er herstammt.

Für die am ersten Pol endlich bleibenden Glieder folgt aus (51), (42) und (47) wegen $Z_6(\lambda) \equiv 0$ lediglich

(55) $$X_6(\lambda) = B_6(\lambda) \cdot \varrho_5 + E_6(\lambda)\,.$$

Dabei bedeutet nach (42) E_6 die folgende Funktion von λ:

(56) $$E_6(\lambda) =$$

$$\begin{array}{ll}
\mathrm{II}_5 & - \varrho_{12}\,\varrho_{23}\,\varrho_{34}\,\varrho_{45} \cdot \sigma_{56}^2 \\
\mathrm{III}_4 & + \varrho_{12}\,\varrho_{23}\,\varrho_{34} \cdot \vartheta_5 \Lambda_5 \\
\mathrm{IV}_3 & + \varrho_{12}\,\varrho_{23} \cdot \Theta_{45}^2 \\
\mathrm{V}_1 & + \varrho_{34}\,\varrho_{45} \cdot \vartheta_2^2 \cdot \sigma_{56}^2 \\
2 & + \varrho_{23}\,\varrho_{34} \cdot \vartheta_5 \cdot \sigma_{12}^2 \\
\mathrm{VI}_2 & + \varrho_{12}\,\varrho_{34} \cdot \vartheta_5^2 \cdot \sigma_{23}^2 \\
\mathrm{VII}_2 & + \varrho_{12}\,\varrho_{45} \cdot \vartheta_3^2 \cdot \sigma_{56}^2 \\
\mathrm{VIII}_2 & - \varrho_{34} \cdot \vartheta_5 \vartheta_2 \cdot (\vartheta_5 \Lambda_2 + \vartheta_2 \cdot 2\,\sigma_{45}\sigma_{56}) \\
3 & - \varrho_{12} \cdot \vartheta_3 \vartheta_5 \cdot (\vartheta_3 \Lambda_5 - \Theta_{45} \cdot 2\,\sigma_{23}) \\
\mathrm{IX}_1 & - \vartheta_2^2\, \Theta_{45}^2 \\
2 & - \vartheta_5^2\, \Theta_{23}^2 \\
\mathrm{X}_1 & + \vartheta_2^2 \vartheta_5^2 \cdot \sigma_{34}^2 \\
2 & - \vartheta_2 \vartheta_3 \vartheta_4 \vartheta_5 \cdot 2\,\sigma_{12}\sigma_{56}
\end{array}$$

b) Der sechste Pol (ϑ_1).

Für denjenigen Pol, bei dem ϑ_1 über alle Grenzen wächst, müssen nach dem oben Gesagten die Gleichungen (52) bis (56) ihre Gültigkeit behalten, wenn nur überall in den Indizes 1 für 6, 2 für 5 und 3 für 4 gesetzt wird und umgekehrt. Durch diese Indexvertauschung geht B_1 aus B_6 und E_1 aus E_6 hervor. Bei den Gliedern der Gruppe VIII ist wieder zu beachten, daß $\sigma_{\nu+1,\nu} = -\sigma_{\nu,\nu+1}$ ist. Aus der Indexvertauschung folgt weiter, daß auch $Z_1(\lambda) \equiv 0$ zu setzen und somit auch dieser Pol ein einfacher Pol ist. Aus Tabelle F ergibt sich, daß dieser Pol der letzte der sechs betrachteten Pole ist, da $\bar{\lambda}_1$ der größte der Werte $\bar{\lambda}_\nu$ ist.

c) Der zweite Pol (ϑ_5).

Der zweite der Werte $\bar{\lambda}_\nu$ ist nach Tabelle F der Wert $\bar{\lambda}_5$, in dessen Umgebung ϑ_5 über alle Grenzen wächst. Wir haben also in (42) die Glieder mit dem Index 5 auszusondern. Wir beachten dabei, daß nach (34) die folgenden Beziehungen gelten:

$$\varrho_{45} = -\vartheta_5 \cdot \cos z_5 + \varrho_4$$
$$\varrho_{56} = -\vartheta_5 \cdot \cos z_5 + \varrho_6$$
$$\varrho_{45} \cdot \varrho_{56} = \vartheta_5^2 \cdot \cos^2 z_5 - \vartheta_5 \cdot (\varrho_4 + \varrho_6) \cos z_5 + \varrho_4 \cdot \varrho_6 .$$

Die Summanden, die $\varrho_{45} \cdot \varrho_{56}$ enthalten, liefern also sowohl einen Beitrag zu den in ϑ_5 quadratischen, wie zu den in ϑ_5 linearen Gliedern und ebenso zu den Gliedern, die von ϑ_5 frei sind. Die Summanden mit ϱ_{45} und ϱ_{56} liefern lineare Glieder in ϑ_5 und von ϑ_5 freie Glieder. Man beachte dabei, daß bei den Summanden, bei denen in den ϱ = Produkten der Index 5 vorkommt, dieser Index in den Beiwerten (außer eventuell bei den $\sigma_{\nu,\nu+1}$, die konstante Größen sind), nicht auftritt. Wir bezeichnen den Faktor von $\varrho_{45} \cdot \varrho_{56}$ mit $-A_5(\lambda)$, den Faktor von ϱ_{45} mit $+B_5(\lambda)$, den Faktor von ϱ_{56} mit $+C_5(\lambda)$, den Faktor von ϑ_5 aus denjenigen Gliedern, bei denen ϑ_5 in den Beiwerten linear auftritt, mit $+D_5(\lambda)$ und die Summe aller Glieder, in denen der Index 5 (außer eventuell bei den $\sigma_{\nu,\nu+1}$) überhaupt nicht auftritt, mit $+E_5(\lambda)$. Für den Faktor von ϑ_5^2 aus denjenigen Gliedern, bei denen ϑ_5^2 in den Beiwerten vorkommt, brauchen wir keine besondere Bezeichnung. Er ergibt sich gleich $+A_5(\lambda)$, da das Glied X_1 sich gegen den aus IX_1 herrührenden Anteil mit ϑ_5^2 forthebt. Wir erhalten also schließlich

$$Z_5(\lambda) = +A_5(\lambda) \cdot \sin^2 z_5 , \tag{57}$$

$$-Y_5(\lambda) = +A_5(\lambda) \cdot (\varrho_4 + \varrho_6) \cos z_5 - B_5(\lambda) \cdot \cos z_5 - C_5(\lambda) \cdot \cos z_5 + D_5(\lambda) , \tag{58}$$

$$X_5(\lambda) = -A_5(\lambda) \cdot \varrho_4 \varrho_6 + B_5(\lambda) \cdot \varrho_4 + C_5(\lambda) \cdot \varrho_6 + E_5(\lambda) . \tag{59}$$

Aus diesen drei Gliedern setzt sich gemäß (47) der Wert von $\Delta(\lambda)$ zusammen:

$$\Delta(\lambda) = Z_5(\lambda) \cdot \vartheta_5^2 - Y_5(\lambda) \cdot \vartheta_5 + X_5(\lambda) .$$

Die Berechnung der Funktionen A_5, B_5, ... aus (42) ergibt:

(60) $A_5(\lambda) =$

I	bzw. aus III_4	$+\varrho_{12}\varrho_{23}\varrho_{34} \cdot \lambda l \Sigma$
II_1	„ V_2	$+\varrho_{23}\varrho_{34} \cdot \sigma_{12}^2$
II_2	„ VI_2	$+\varrho_{12}\varrho_{34} \cdot \sigma_{23}^2$
II_3	„ aus IV_3	$+\varrho_{12}\varrho_{23} \cdot \sigma_{34}^2$
III_1	„ „ VIII_2	$-\varrho_{34} \cdot \vartheta_2 \Lambda_2$
III_2	„ „ VIII_3	$-\varrho_{12} \cdot \vartheta_3 \Lambda_3$
IV_1	„ IX_2	$-\Theta_{23}^2$

(61) $B_5(\lambda) =$

II_5	$-\varrho_{12}\varrho_{23}\varrho_{34} \cdot \sigma_{56}^2$
V_1	$+\varrho_{34} \cdot \vartheta_2^2 \sigma_{56}^2$
VII_2	$+\varrho_{12} \cdot \vartheta_3^2 \sigma_{56}^2$

(62) $C_5(\lambda) =$

II_4	$-\varrho_{12}\varrho_{23}\varrho_{34} \cdot \sigma_{45}^2$
III_3	$+\varrho_{12}\varrho_{23} \cdot \vartheta_4 \Lambda_4$
IV_2	$+\varrho_{12} \cdot \Theta_{34}^2$
VI_1	$+\varrho_{34} \cdot \vartheta_2^2 \sigma_{45}^2$
VII_1	$+\varrho_{23} \cdot \vartheta_4^2 \sigma_{12}^2$
VIII_1	$-\vartheta_2 \vartheta_4 \cdot (\vartheta_2 \Lambda_4 - \Theta_{34} \cdot 2\sigma_{12})$

(63) $$D_5(\lambda) =$$

aus	III_4	$+\varrho_{12}\varrho_{23}\varrho_{34}\cdot 2\sigma_{45}\sigma_{56}$
,,	IV_3	$-\varrho_{12}\varrho_{23}\cdot\vartheta_4\cdot 2\sigma_{34}\sigma_{56}$
,,	VIII_2	$-\varrho_{34}\cdot\vartheta_2^2\cdot 2\sigma_{45}\sigma_{56}$
,,	VIII_3	$-\varrho_{12}\cdot\vartheta_3\Theta_{34}\cdot 2\sigma_5$
,,	IX_1	$+\vartheta_2^2\vartheta_4\cdot 2\sigma_{34}\sigma_{56}$
	X_2	$-\vartheta_2\vartheta_3\vartheta_4\cdot 2\sigma_{12}\sigma_{56}$

(64) $$E_5(\lambda) =$$

aus	IV_3	$+\varrho_{12}\varrho_{23}\cdot\vartheta_4^2\sigma_{56}$
,,	IX_1	$-\vartheta_2^2\vartheta_4^2\sigma_{56}^2$

Läßt man λ gegen λ_5 streben, so strebt z_5 gegen π [vgl. (45)], also $\sin z_5$ gegen 0 und $\cos z_5$ gegen -1. Demnach wird nach (57) $Z_5(\bar\lambda_5) = 0$. Aus (57), (32), (33) und (45) ergibt sich

(65) $$\lim_{\lambda\to\bar\lambda_5} Z_5(\lambda)\cdot\vartheta_5^2 = \frac{\bar\vartheta_5^2}{\pi^2}\cdot A_5(\bar\lambda_5).$$

Die quadratischen Glieder bleiben also bei Annäherung an den Pol beschränkt. Damit ist bewiesen, daß auch dieser Pol ein einfacher Pol ist. Für das Residuum ergibt sich bis auf den positiven, von λ unabhängigen Faktor $\bar z_5^2/\bar\vartheta_5$ aus (58)

(66) $$\frac{\bar z_5^2}{\bar\vartheta_5}\cdot R_5 = -\lim_{\lambda\to\bar\lambda_5}\frac{\Delta(\lambda)}{\vartheta_5} = Y_5(\bar\lambda)_5 = +A_5(\bar\lambda_5)\cdot(\varrho_4+\varrho_6) - B_5(\bar\lambda_5) - C_5(\bar\lambda_5) - D_5(\bar\lambda_5).$$

d) Der dritte Pol (ϑ_2).

Der dritte Pol liegt nach Tabelle F bei $\lambda = \bar\lambda_2$. An dieser Stelle wächst ϑ_2 über alle Grenzen. Die Gleichungen (57) bis (66) behalten ihre Gültigkeit, wenn überall die Indizes 1 und 6, 2 und 5, 3 und 4 miteinander vertauscht werden. Zu beachten ist bei den aus Gruppe VIII kommenden Gliedern wiederum, daß $\sigma_{\nu+1,\nu} = -\sigma_{\nu,\nu+1}$ ist. Aus der Indexvertauschung ergibt sich, daß $B_2(\lambda)$ der Faktor von ϱ_{23} und $C_2(\lambda)$ der Faktor von ϱ_{12} ist. Die Bedeutung der Funktionen $A_2(\lambda)$, $D_2(\lambda)$, $E_2(\lambda)$ dürfte Zweifel oder Irrtümer nicht aufkommen lassen. Aus der Übertragung der Gleichung (65) folgt weiter, daß auch der dritte Pol ein einfacher Pol ist.

e) Der vierte Pol (ϑ_3).

Der vierte Pol liegt nach Tabelle F bei $\lambda = \bar\lambda_3$. An dieser Stelle wächst ϑ_3 über alle Grenzen. Wir verfahren in analoger Weise wie beim zweiten Pol. Mit $-A_3(\lambda)$ bezeichnen wir den Faktor von $\varrho_{23}\cdot\varrho_{34}$, mit $+B_3(\lambda)$ den Faktor von ϱ_{34}, mit $+C_3(\lambda)$ den Faktor von ϱ_{23}, mit $+D_3(\lambda)$ den Faktor von ϑ_3 aus denjenigen Summanden, die ϑ_3 linear in den Beiwerten enthalten, und mit $+E_3(\lambda)$ die Summe aller jener Glieder, in denen der Index 3 (außer eventuell in den $\sigma_{\nu,\nu+1}$) überhaupt nicht vorkommt. Dann wird

(67) $$Z_3(\lambda) = +A_3(\lambda)\cdot\sin^2 z_3,$$

(68) $$-Y_3(\lambda) = +A_3(\lambda)\cdot(\varrho_2+\varrho_4)\cos z_3 - B_3(\lambda)\cdot\cos z_3 - C_3(\lambda)\cdot\cos z_3 + D_3(\lambda),$$

(69) $$X_3(\lambda) = -A_3(\lambda)\cdot\varrho_2\varrho_4 + B_3(\lambda)\cdot\varrho_4 + C_3(\lambda)\cdot\varrho_2 + E_3(\lambda).$$

Dabei bedeuten A_3, B_3, ... die folgenden Funktionen von λ:

(70) $$A_3(\lambda) =$$

I	bzw. aus	III_2	$+\varrho_{12}\varrho_{45}\varrho_{56}\cdot\lambda l\Sigma$
II_1	,, ,,	IV_1	$+\varrho_{45}\varrho_{56}\cdot\sigma_{12}^2$
II_4	,, ,,	IV_2	$+\varrho_{12}\varrho_{56}\cdot\sigma_{45}^2$
II_5	,,	VII_2	$+\varrho_{12}\varrho_{45}\cdot\sigma_{56}^2$
III_4	,, aus	VIII_3	$-\varrho_{12}\cdot\vartheta_5 A_5$
V_2	,, ,,	IX_2	$-\vartheta_5^2\sigma_{12}^2$

(71)
$$
\begin{array}{ll}
 & B_3(\lambda) = \\
\mathrm{II}_2 & -\varrho_{12}\varrho_{45}\varrho_{56}\cdot\sigma_{23}^2 \\
\mathrm{III}_1 & +\varrho_{45}\varrho_{56}\cdot\vartheta_2 A_2 \\
\mathrm{V}_1 & +\varrho_{45}\cdot\vartheta_2^2\sigma_{56}^2 \\
\mathrm{VI}_1 & +\varrho_{56}\cdot\vartheta_2^2\sigma_{45}^2 \\
\mathrm{VI}_2 & +\varrho_{12}\cdot\vartheta_5^2\sigma_{23}^2 \\
\mathrm{VIII}_2 & -\cdot\vartheta_5\vartheta_2\cdot(\vartheta_5 A_2+\vartheta_2\cdot 2\,\sigma_{45}\sigma_{56})
\end{array}
$$

(72)
$$
\begin{array}{ll}
 & C_3(\lambda) = \\
\mathrm{II}_3 & -\varrho_{12}\varrho_{45}\varrho_{56}\cdot\sigma_{34}^2 \\
\mathrm{III}_3 & +\varrho_{12}\varrho_{56}\cdot\vartheta_4 A_4 \\
\mathrm{IV}_3 & +\varrho_{12}\cdot\Theta_{45}^2 \\
\mathrm{VII}_1 & +\varrho_{56}\cdot\vartheta_4^2\sigma_{12}^2
\end{array}
$$

(73)
$$
\begin{array}{ll}
 & D_3(\lambda) = \\
\text{aus }\mathrm{III}_2 & +\varrho_{12}\varrho_{45}\varrho_{56}\cdot 2\,\sigma_{23}\sigma_{34} \\
,,\ \mathrm{IV}_1 & -\varrho_{45}\varrho_{56}\cdot\vartheta_2\cdot 2\,\sigma_{12}\sigma_{34} \\
,,\ \mathrm{IV}_2 & -\varrho_{12}\varrho_{56}\cdot\vartheta_4\cdot 2\,\sigma_{23}\sigma_{45} \\
,,\ \mathrm{VIII}_1 & +\varrho_{56}\cdot\vartheta_2\vartheta_4\cdot 2\,\sigma_{12}\sigma_{45} \\
,,\ \mathrm{VIII}_3 & +\varrho_{12}\cdot\vartheta_5\Theta_{45}\cdot 2\,\sigma_{23} \\
,,\ \mathrm{IX}_2 & +\vartheta_2\vartheta_5^2\cdot 2\,\sigma_{12}\sigma_{34} \\
\mathrm{X}_2 & -\vartheta_2\vartheta_4\vartheta_5\cdot 2\,\sigma_{12}\sigma_{56}
\end{array}
$$

(74)
$$
\begin{array}{ll}
 & E_3(\lambda) = \\
\text{aus }\mathrm{IV}_1 & +\varrho_{45}\varrho_{56}\cdot\vartheta_2^2\sigma_{34}^2 \\
,,\ \mathrm{IV}_2 & +\varrho_{12}\varrho_{56}\cdot\vartheta_4^2\sigma_{23}^2 \\
,,\ \mathrm{VIII}_1 & -\varrho_{56}\cdot\vartheta_2\vartheta_4\cdot(\vartheta_2 A_4+\vartheta_4\cdot 2\,\sigma_{12}\sigma_{23}) \\
\mathrm{IX}_1 & -\vartheta_2^2\Theta_{45}^2
\end{array}
$$

Beim Grenzübergang $\lambda\to\bar\lambda_3$ strebt wieder Z_3 gegen Null und die quadratischen Glieder $Z_3(\lambda)\cdot\vartheta_3^2$ bleiben beschränkt:

(75)
$$\lim_{\lambda\to\bar\lambda_3} Z_3(\lambda)\cdot\vartheta_3^2=\frac{\bar\vartheta_3^2}{\pi^2}\cdot A_3(\bar\lambda_3)\,.$$

Damit ist erwiesen, daß auch der vierte Pol ein einfacher Pol ist. Für das Residuum ergibt sich aus (68)

(76)
$$\frac{\bar z_3^2}{\bar\vartheta_3}\cdot R_3=-\lim_{\lambda\to\bar\lambda_3}\frac{\Delta(\lambda)}{\vartheta_3}=Y_3(\bar\lambda_3)=+\bar A_3(\bar\lambda_3)\cdot(\varrho_2+\varrho_4)-B_3(\bar\lambda_3)-C_3(\bar\lambda_3)-D_3(\bar\lambda_3)\,.$$

f) Der fünfte Pol (ϑ_4).

Für den fünften Pol, $\lambda=\bar\lambda_4$, bleiben wiederum die Gleichungen (67) bis (76) bestehen, wenn überall die Indizes 1 und 6, 2 und 5, 3 und 4 miteinander vertauscht werden (man beachte wieder $\sigma_{\nu+1,\nu}=-\sigma_{\nu,\nu+1}$). $B_4(\lambda)$ wird dabei der Faktor von ϱ_{34}, $C_4(\lambda)$ der Faktor von ϱ_{45}. Da auch Gleichung (75) nach der Indexvertauschung erhalten bleiben muß, folgt, daß auch der fünfte Pol, der letzte von uns noch nicht untersuchte, ein einfacher Pol ist.

Damit ist der angekündigte Nachweis erbracht, daß $\Delta(\lambda)$ nur einfache Pole besitzt, obgleich aus der expliziten Form (42) ersichtlich ist, daß vier der sechs Größen ϑ_ν quadratisch auftreten.

g) Die Schlußfolgerungen für die Bestimmung der Nullstellen.

Der Sinn dieser Polbetrachtungen für die Berechnung der Nullstellen, auf die es uns ja zunächst allein ankommt, ist der folgende: Finden wir bei der Berechnung der Werte $\Delta(\lambda)$ auf der einen Seite einer Größe $\bar\lambda_\nu$ einen positiven, auf der anderen einen negativen Wert von Δ, so haben wir zwischen diesen beiden Werten keine Nullstelle von Δ zu erwarten, da Δ in diesem Intervall nicht stetig ist. Um uns diese Sicherung gegen unnütze Rechenarbeit zu verschaffen, hätten wir allerdings nur die Größen $\bar{\lambda}_\nu$ selbst zu berechnen brauchen.

Um die Bedeutung der Residuen klar zu erkennen, berechnen wir diese zunächst zahlenmäßig nach den in a) bis f) entwickelten Formeln. Gleichzeitig berechnen wir die an dem betreffenden Pol endlich bleibenden Glieder, wobei zu beachten ist, daß auch die quadratischen Glieder am Pol einen endlichen Beitrag liefern. Bei ϑ_1 und ϑ_6 treten keine quadratischen Glieder auf. Beim ersten und sechsten Pol sind daher $A(\lambda)$ und $Z(\lambda)$, wie bereits bemerkt, identisch gleich Null zu setzen. Zur Durchführung dieser Rechnung sind vorerst die Größen $\bar{\lambda}_\nu$ genauer zu bestimmen als in der überschlägigen Tabelle F. In Tabelle G sind die Ergebnisse der Rechnung zusammengestellt.

(G)

	$\bar{\lambda}_\nu$	$-Y_\nu(\bar{\lambda}_\nu) = +\lim\limits_{\lambda\to\bar{\lambda}_\nu} \frac{\Delta(\lambda)}{\vartheta_\nu}$	$X_\nu(\bar{\lambda}_\nu) + \frac{\bar{\vartheta}_\nu^2}{\pi^2}\cdot A_\nu(\bar{\lambda}_\nu)$
1. Pol	$\bar{\lambda}_6 = 7{,}0281149$	$-\ 1077{,}45 \cdot 10^{-24}$	$+\ 17004{,}3 \cdot 10^{-30}$
2. Pol	$\bar{\lambda}_5 = 8{,}3766524$	$+\ 58577{,}6 \cdot 10^{-24}$	$+\ 33779{,}4 \cdot 10^{-30}$
3. Pol	$\bar{\lambda}_2 = 9{,}763908871$	$+\ 609165{,}4 \cdot 10^{-24}$	$-\ 3705889{,}3 \cdot 10^{-30}$
4. Pol	$\bar{\lambda}_3 = 9{,}813861123$	$-\ 1354304{,}1 \cdot 10^{-24}$	$+\ 3185992 \cdot 10^{-30}$
5. Pol	$\bar{\lambda}_4 = 10{,}683505578$	$+\ 124837{,}842 \cdot 10^{-24}$	$+\ 2495320{,}0 \cdot 10^{-30}$
6. Pol	$\bar{\lambda}_1 = 19{,}09062817$	$-\ 79{,}677497 \cdot 10^{-24}$	$+\ 128{,}091009 \cdot 10^{-30}$

In der Tabelle sind nicht die Residuen selbst, sondern die ihnen negativ proportionalen Faktoren von ϑ_ν, $-Y_\nu$ eingetragen [vgl. (47)]. Die Vorzeichen der Spalte $-Y_\nu$ geben also unmittelbar an, in welchem Sinne Δ unendlich wird, wenn wir uns mit wachsendem λ dem Pole $\bar{\lambda}_\nu$ nähern. Da alle Pole, wie wir gezeigt haben, einfach sind, wechselt Δ an jedem Pol das Vorzeichen. Beim ersten Pol etwa sinkt Δ, wenn man sich mit wachsendem λ der Stelle $\bar{\lambda}_6$ nähert, unter alle negativen Schranken. Nach Überschreiten der Stelle $\bar{\lambda}_6$ nimmt Δ vom Unendlichen her zu positiven Werten ab. Es ergibt sich also das Bild der in Abb. 4 ausgezogenen Linien.

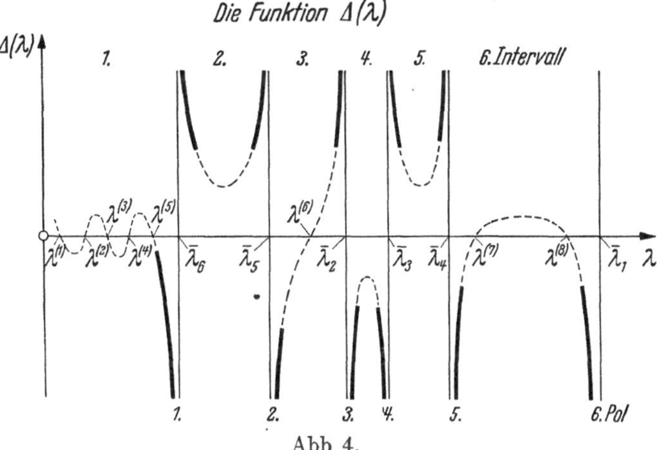

Abb 4.

In Abb. 4 sind die Abszissen λ nicht maßstäblich eingetragen, da einige Pole, besonders der dritte und vierte, so eng beieinander liegen, daß man bei maßstäblicher Zeichnung das Verhalten der Funktion Δ zwischen den Asymptoten nicht mehr darstellen könnte.

Wir entnehmen der Tabelle G (vgl. Abb. 4), daß zwischen dem ersten und zweiten, zwischen dem dritten und vierten, zwischen dem vierten und fünften und zwischen dem fünften und sechsten Pol je eine gerade Anzahl von Nullstellen liegen muß, zwischen dem zweiten und dritten Pol dagegen eine ungerade Zahl. Insgesamt muß also zwischen dem ersten und sechsten Pol eine ungerade Anzahl von Nullstellen liegen. Die durch die Ordinatenachse und die sechs Asymptoten gebildeten sechs Intervalle numerieren wir in der in Abb. 4 angedeuteten Weise. Das gesamte zwischen dem ersten und sechsten Pol gelegene Intervall wollen wir außerdem als das Polintervall bezeichnen. Dann muß also im Polintervall eine ungerade Zahl von Nullstellen liegen. Setzen wir Tabelle D mittels Gl. (44) nach rechts fort, so ergibt sich als untere Schranke für die neunte Nullstelle 15,8 und für die zehnte 19,5. Die zehnte Nullstelle kann also nicht mehr in das Polintervall fallen. Andererseits ist die obere Schranke der dritten Nullstelle nach Tabelle E gleich 4,66. Diese Nullstelle kann also auch nicht mehr in das Polintervall fallen. Im ersten Intervall liegen mithin mindestens drei Nullstellen.

Wir stellen nunmehr fest, ob Δ zwischen Null und der ersten Nullstelle positiv oder negativ ist. Nach Tabelle D ist 0,20 eine untere Schranke für die erste Nullstelle. Wir berechnen also für irgendeinen positiven Wert von λ, der kleiner als 0,20 ist, nach (42) den zugehörigen Wert von $\Delta(\lambda)$. Da es nur auf das Vorzeichen von Δ ankommt, genügt es, diese Rechnung mit dem Rechenschieber durchzuführen. Es wurde $\lambda = 0{,}16$ gewählt. Das Ergebnis ist

(77) $$\Delta(0{,}16) = +\,25\,600\,000 \cdot 10^{-30}.$$

Zwischen $\lambda = 0{,}16$ und dem ersten Pol $\lambda = \bar{\lambda}_6$ ist Δ sicher stetig. Für $\lambda = 0{,}16$ ist $\Delta > 0$. Aus der Berechnung der Residuen folgte, daß für genügend kleine ε sicher $\Delta(\bar{\lambda}_6 - \varepsilon) < 0$ ist. Also muß zwischen $\lambda = 0{,}16$ und dem ersten Pol eine ungerade Zahl von Nullstellen liegen. Da 0,16 kleiner als eine untere Schranke für die erste Nullstelle war, sind das alle Nullstellen des ersten Intervalls. Die Zahl der Nullstellen im ersten Intervall muß also ungerade sein. Da die Zahl der Nullstellen in diesem Intervall mindestens drei ist und nach Tabelle D die siebente Nullstelle rechts vom ersten Pol liegen muß, ist die Zahl der Nullstellen im ersten Intervall entweder drei oder fünf.

Wir berechnen weiter überschlägig das Vorzeichen von $\Delta(\lambda)$ in der Mitte des sechsten Intervalls und finden

(77a) $$\Delta(14{,}89) = +\,2650 \cdot 10^{-30}.$$

Da $\Delta(\lambda)$ an beiden Enden dieses Intervalls unter alle negativen Schranken sinkt (vgl. Tabelle G und Abb. 4), müssen im sechsten Intervall mindestens zwei Nullstellen liegen.

Links von der ersten Nullstelle ist Δ positiv [vgl. (77)] und am sechsten Pol sinkt Δ unter alle negativen Schranken. Also ist die Zahl der Vorzeichenwechsel zwischen $\lambda = 0$ und dem sechsten Pol ungerade. An jedem der fünf ersten Pole wechselt Δ sein Vorzeichen. Also ist die Zahl der Nullstellen zwischen $\lambda = 0$ und dem sechsten Pol gerade. Infolgedessen kann auch die neunte Nullstelle nicht mehr im Polintervall liegen. Dagegen ist dies nach Tabelle E für die sechste Nullstelle sicher der Fall. Links vom sechsten Pol liegen mithin entweder sechs oder acht Nullstellen. Ferner wissen wir nunmehr, daß zwischen dem zweiten und sechsten Pol mindestens drei Nullstellen liegen müssen. Da die vierte Nullstelle nach Tabelle E links vom zweiten Pol liegt, so folgt daraus:

Links vom sechsten Pol liegen genau die ersten acht Nullstellen von $\Delta(\lambda)$ und keine weitere Nullstelle.

Es ist von entscheidender Bedeutung, diese Tatsache vor dem Beginn der Rechnung mit Bestimmtheit angeben zu können. Denn dadurch sind wir am Ende der Rechnung sicher, daß wir keine Nullstelle und kein Paar von Nullstellen übersehen haben (vgl. § 9i). Wir können aber noch mehr aussagen. Da zwischen dem zweiten und dritten Pol eine ungerade Anzahl von Nullstellen liegt, die vierte aber links vom zweiten Pol, so folgt nämlich weiter:

Zwischen dem fünften und sechsten Pol liegen die Nullstellen 7 und 8 und keine weitere Nullstelle. Zwischen dem vierten und fünften und zwischen dem dritten und vierten Pol liegen keine Nullstellen. Zwischen dem zweiten und dritten Pol liegt die Nullstelle 6 und keine weitere Nullstelle.

Damit kennen wir in großen Zügen den gesamten Verlauf der Funktion $\Delta(\lambda)$ zwischen $\lambda = 0$ und dem sechsten Pol, ausgenommen allein die Lage der Nullstellen 4 und 5. Wir wissen jedoch, daß diese beiden Nullstellen im gleichen Intervall liegen müssen und daß die vierte Nullstelle sicher links vom zweiten Pol liegt. Folglich liegen die Nullstellen 4 und 5 entweder beide links vom ersten Pol oder beide zwischen dem ersten und zweiten Pol. Finden wir also (vgl. § 7d) die vierte Nullstelle links vom ersten Pol, so wissen wir, daß auch die fünfte Nullstelle links vom ersten Pol liegen muß (vgl. § 7e). Die Ergebnisse dieser Untersuchung sind in Abb. 4 durch die gestrichelten Linien schematisch dargestellt.

Zugleich haben wir für die Nullstellen 6, 7, 8 gegenüber den Werten der Tabellen D und E wesentlich verbesserte obere und untere Schranken gefunden. Besonders wertvoll ist es, zu wissen, daß wir im vierten und fünften Intervall überhaupt nicht nach Nullstellen zu suchen brauchen. Denn zwischen nahe benachbarten Polen ist die Rechnung besonders empfindlich, die Konvergenz der Rechnung gegen eine eventuelle Nullstelle besonders schlecht. Wüßten wir z. B. nicht im Voraus, daß im vierten Intervall keine Nullstelle sein kann, so müßten wir zahlreiche Werte Δ berechnen, ehe wir einigermaßen sicher sein könnten, daß die Kurve nicht doch vielleicht die Abszissenachse eben noch schneidet.

Wir wenden uns nunmehr der Berechnung der Nullstellen zu.

§ 7. Die Eigenwerte des Hilfsproblems.

Die Eigenwerte des Hilfsproblems sind die Nullstellen der Funktion $\Delta(\lambda)$. Zu ihrer Bestimmung müssen wir zahlreiche Werte $\Delta(\lambda)$ nach (42) berechnen. Die Rechnung ist, wie ein Blick auf Gleichung (42) zeigt, außerordentlich umständlich und zeitraubend. Man erleichtert sie sich sehr, wenn man ein übersichtliches Rechenschema entwickelt, das man bei der ständigen Wiederholung der Rechnung mit immer neuen Werten von λ benutzt. Von der Wiedergabe des hier entwickelten Rechenschemas mußte aus Raumgründen abgesehen werden.

Es empfiehlt sich, die Summe der positiven und die der negativen Summanden einzeln festzustellen, damit man durch die Zahl der geltenden Ziffern, die sich bei der Differenz fortheben, einen ungefähren Maßstab gewinnt, wieviel Ziffern der gesuchten Nullstelle man als gesichert ansehen kann.

Wegen der großen Zahl von Rechenoperationen bei der Berechnung eines Wertes Δ wurden im allgemeinen eine oder zwei Ziffern mehr als die gesicherten mitgenommen, um ein Anwachsen des Fehlers durch Abrundungen nach Möglichkeit zu vermeiden. Da die Rechnung mit wachsendem λ immer empfindlicher wird, wurde die Rechengenauigkeit mit wachsendem λ gesteigert. Mehr als insgesamt sieben Ziffern können bei $\sqrt{\lambda}$ jedoch nie als sicher angesehen werden, da die Rechengrundlagen (Tabelle B) nur im Rahmen dieser Genauigkeit berechnet wurden. Die unsicheren Stellen sind bei der Wiedergabe der Ergebnisse durch einen Strich abgetrennt. Wenn wir also die erste Nullstelle mit

$$\lambda^{(1)} = 0{,}240|47$$

angeben werden, so heißt dies: 0,240 ist als sicher anzusehen, doch wurde die weitere Rechnung mit 0,24047 durchgeführt, um ein weiteres Anwachsen des Fehlers durch Abrundungen möglichst zu vermeiden. Die Endergebnisse endlich müssen auf drei bis vier geltende Ziffern gekürzt werden, da die Daten der ganzen Rechnung (Tabelle A, § 1) nur diese Genauigkeit haben.

Durch die fortlaufende Verbesserung des Rechenschemas und der Rechenmethoden konnte die zur Berechnung eines Δ-Wertes erforderliche Zeit von anfänglich etwa 6 Stunden auf schließlich etwa 5 Stunden gesenkt werden. Dabei wurden alle erdenklichen Rechenkontrollen ständig angewandt. Es handelt sich dabei um die reine Rechenarbeit nach vollständiger Einrichtung der Rechenbogen. Es ist daraus leicht zu sehen, welche ungeheure Rechenarbeit und welcher Zeitaufwand zur Lösung des Hilfsproblems nötig sind. In dem Aufsatz, in dem F. und H. Bleich ihr Verfahren mitteilen (vgl. „B"), wird das nicht einmal angedeutet.

a) Die erste Nullstelle.

Im vorigen Paragraphen hatten wir einen ersten Wert von Δ berechnet [vgl. (77)], der hier wiederholt sei, und zwar unter getrennter Angabe der Summe der positiven und der Summe der negativen Summanden von Δ:

$$\begin{array}{rr} & +\ 625\,500\,000 \cdot 10^{-30} \\ & -\ 599\,900\,000 \cdot 10^{-30} \\ \hline \Delta(0{,}16) = & +\ \ 25\,600\,000 \cdot 10^{-30}. \end{array} \tag{77}$$

Die Tabellen D und E legen nahe, den nächsten Versuch mit $\lambda = 0{,}25$ zu machen. Es ergibt sich

$$\begin{array}{rr} & +\ 93\,080\,160 \cdot 10^{-30} \\ & -\ 93\,621\,320 \cdot 10^{-30} \\ \hline \Delta(0{,}25) = & -\ \ 541\,160 \cdot 10^{-30}. \end{array} \tag{78}$$

Durch lineare Interpolation ergibt sich aus (77) und (78) $\lambda = 0{,}2483$. Wir erkennen jetzt bereits, daß das Fortheben einer geltenden Ziffer bei der Schlußsubtraktion ungefähr die Sicherheit einer Ziffer bei λ anzeigt. Die Null vor dem Komma und die beiden ersten Ziffern hinter dem Komma ändern sich bei der Interpolation nicht. Und in (78) heben sich in der Tat ungefähr drei geltende Ziffern fort, da wir die 93 rund wie 100 bewerten können. Allerdings müssen wir mit den Schlüssen noch vorsichtig sein, da der mit dem Rechenschieber berechnete Wert (77) doch sehr unsicher ist. Daß der interpolierte Wert noch recht ungenau ist, zeigt die nächste Rechnung:

$$\begin{array}{rr} & +\,96\,585\,270 \cdot 10^{-30} \\ & -\,97\,030\,400 \cdot 10^{-30} \\ \hline \Delta(0{,}248) = & -\quad 445\,130 \cdot 10^{-30}. \end{array} \tag{79}$$

Obgleich dieser Wert wenig besser als der vorhergehende ist, bestätigt er doch im wesentlichen unsere Schlußfolgerungen über das Maß der Konvergenz. Denn lineare Interpolation ergibt $\lambda = 0{,}2382$. Die nächste Rechnung wurde nicht mit dem interpolierten, sondern mit dem kleineren Wert $\lambda = 0{,}23$ durchgeführt. Es ergab sich

$$\begin{array}{rr} & +\,133\,736\,730 \cdot 10^{-30} \\ & -\,133\,117\,200 \cdot 10^{-30} \\ \hline \Delta(0{,}23) = & +\quad 619\,530 \cdot 10^{-30}. \end{array} \tag{80}$$

Lineare Interpolation ergibt $\lambda = 0{,}24047$. Unsere Betrachtungen über das Konvergenzmaß können wir nunmehr als gesichert ansehen. Zwischen (79) und (80) hatten wir interpoliert, zwischen (78) und (79) dagegen extrapoliert. Also ist der letzte, interpolierte Wert sicherer als der vorletzte. Der Vergleich der beiden letzten Werte von λ zeigt, daß wir nunmehr auch die dritte Stelle hinter dem Komma als sicher ansehen können. Wir haben also die erste Nullstelle von $\Delta(\lambda)$, den ersten Eigenwert des Hilfsproblems gefunden:

$$\lambda^{(1)} = 0{,}240|47. \tag{81}$$

b) Die zweite Nullstelle.

Nach den Tabellen D und E machen wir den ersten Versuch mit $\lambda = 1$. Es ergibt sich

$$\begin{array}{rr} & +\,152\,784{,}05 \cdot 10^{-30} \\ & -\,161\,734{,}45 \cdot 10^{-30} \\ \hline \Delta(1) = & -\quad 8\,950{,}40 \cdot 10^{-30}. \end{array} \tag{82}$$

Wir befinden uns also (vgl. Abb. 4) noch vor der Nullstelle. Aus unseren Konvergenzbetrachtungen könnten wir schließen, daß wahrscheinlich schon 1,1 jenseits der Nullstelle liegt. Der nächste Wert wurde jedoch mit $\lambda = 1{,}21$ berechnet, da dann $\sqrt{\lambda} = 1{,}1$ ist und eine ganze Anzahl Rechenoperationen bequem im Kopfe durchgeführt werden können. Es ergibt sich

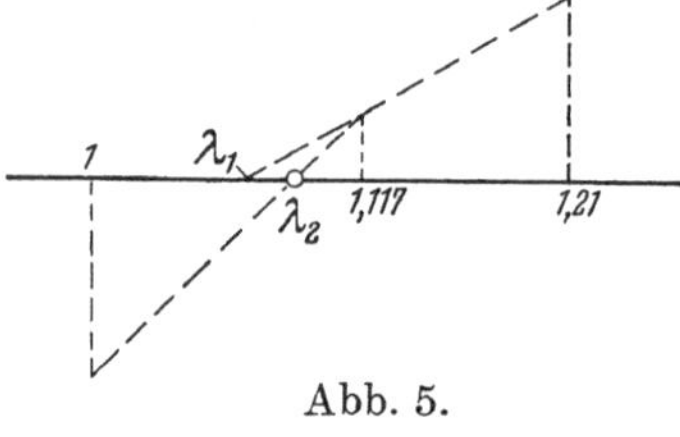

Abb. 5.

$$\begin{array}{rr} & +\,61\,147{,}652 \cdot 10^{-30} \\ & -\,54\,088{,}677 \cdot 10^{-30} \\ \hline \Delta(1{,}21) = & +\quad 7\,059{,}0 \quad \cdot 10^{-30}. \end{array} \tag{83}$$

Lineare Interpolation ergibt $\lambda = 1{,}1174$. Es folgt

$$\begin{array}{rr} & +\,89\,472{,}85 \cdot 10^{-30} \\ & -\,86\,746{,}70 \cdot 10^{-30} \\ \hline \Delta(1{,}1174) = & +\quad 2\,726{,}2 \quad \cdot 10^{-30}. \end{array} \tag{84}$$

Nachdem wir nunmehr drei Werte haben, können wir uns ein Bild von der Krümmung an der Nullstelle machen (vgl. Abb. 5), das uns eine Beschleunigung der Konvergenz ermöglicht. Lineare Interpolation ergibt aus (83) und (84) $\lambda_1 = 1{,}06$ und aus (81) und (84) $\lambda_2 = 1{,}09$. Die nächste Rechnung wurde daher mit dem Mittelwert $\lambda = 1{,}075$ durchgeführt:

$$\begin{array}{rr} & +\,107\,708{,}89 \cdot 10^{-30} \\ & -\,108\,212{,}24 \cdot 10^{-30} \\ \hline \Delta(1{,}075) = & -\quad 503{,}35 \cdot 10^{-30}. \end{array} \tag{85}$$

Bei 1,075 sind also bereits zwei Stellen hinter dem Komma sicher. Bei dem Wert, den wir aus (84) und (85) durch lineare Interpolation gewinnen, dürfen wir mithin drei Dezimalstellen als sicher ansehen. Wir erhalten so

(86) $$\lambda^{(2)} = 1{,}081|61\,.$$

c) Die dritte Nullstelle.

Die Tabellen D und E werden jetzt unbrauchbar. Die obere Grenze für $\lambda^{(3)}$ liegt schon erheblich über der unteren Grenze für $\lambda^{(4)}$. Bei einem Stab mit konstantem E, I, S sind, von Null ausgehend, die zweiten Differenzen der Eigenwerte konstant. Wir werden also mit konstanten zweiten Differenzen aus 0, $\lambda^{(1)}$, $\lambda^{(2)}$ eine erste Näherung λ für den dritten Eigenwert gewinnen können: $\lambda = 2{,}52342$.

Wir beginnen daher die Rechnung mit $\lambda = 2{,}523$:

$$\begin{array}{r} +\,1641{,}5812\cdot 10^{-30}\\ -\,1685{,}6585\cdot 10^{-30}\\ \hline \end{array}$$

(87) $$\varDelta\,(2{,}523) = -\quad 44{,}077\ \cdot 10^{-30}\,.$$

Da $\varDelta$ negativ ist, befinden wir uns bereits hinter der Nullstelle (vgl. Abb. 4). Nach unseren Konvergenzbetrachtungen ist eine Stelle hinter dem Komma gesichert. Als nächsten Wert nehmen wir daher $\lambda = 2{,}500$. Es ergibt sich

$$\begin{array}{r} +\,1751{,}3399\cdot 10^{-30}\\ -\,1641{,}9385\cdot 10^{-30}\\ \hline \end{array}$$

(88) $$\varDelta\,(2{,}5) = +\quad 109{,}401\ \cdot 10^{-30}\,.$$

Lineare Interpolation zwischen (87) und (88) ergibt $\lambda = 2{,}516395$. Wir beginnen jetzt, die Genauigkeit zu steigern und führen die Rechnung daher noch einmal mit dem interpolierten Wert durch:

$$\begin{array}{r} +\,1672{,}7960\cdot 10^{-30}\\ -\,1673{,}3082\cdot 10^{-30}\\ \hline \end{array}$$

(89) $$\varDelta\,(2{,}516395) = -\quad 0{,}512\ \cdot 10^{-30}\,.$$

Hier heben sich zwei Ziffern mehr fort als in (87). Wir dürfen daher erwarten, daß der durch Interpolation aus (87) und (89) gewonnene Wert $\lambda = 2{,}516317$ gewiß wieder zwei sichere Dezimalen mehr hat als der aus (87) und dem recht schlechten Wert (88) gewonnene, daß wir also jetzt fünf Dezimalstellen sicher haben:

(90) $$\lambda^{(3)} = 2{,}51631|7\,.$$

d) Die vierte Nullstelle.

Eine erste Näherung für die vierte Nullstelle verschaffen wir uns, indem wir, von 0, $\lambda^{(1)}$, $\lambda^{(2)}$, $\lambda^{(3)}$ ausgehend, mit konstanter dritter Differenz extrapolieren: $\lambda = 4{,}53750$.

$$\begin{array}{r} +\,14024{,}034\cdot 10^{-30}\\ -\,14038{,}285\cdot 10^{-30}\\ \hline \end{array}$$

(91) $$\varDelta\,(4{,}53750) = -\quad 14{,}25\ \cdot 10^{-30}\,.$$

Zwei Stellen hinter dem Komma sind bereits gesichert. Wir befinden uns bei negativem $\varDelta$ (vgl. Abb. 4) vor der Nullstelle. Um die Nullstelle einzuschließen, brauchen wir ein Argument, das uns einen positiven Wert von $\varDelta$ liefert, also einen um etwa $+\,15$ größeren Wert von $\varDelta$ ($\varDelta = +\,0{,}75$). Um einen ungefähren Anhalt für ein solches Argument zu gewinnen, wurde von folgender einigermaßen plausiblen Annahme ausgegangen: Es wurde zunächst an der dritten Nullstelle untersucht, in welchem Verhältnis die dort auftretenden Größen sich beim Vergleich der Gleichungen (87) und (89) ändern. Wir bezeichnen den Wert von λ in (87) mit λ_1, in (89) mit λ_2 und mit λ_0 den Mittelwert beider. Als relative Änderung des Arguments ergibt sich dann

$$\frac{\lambda_1-\lambda_2}{\lambda_0} = \frac{0{,}0066}{2{,}52} = 0{,}00262\,.$$

Damit wurde die Änderung der Funktion Δ verglichen, relativ zur Größe des positiven und des negativen Summanden, die sich an der Nullstelle aufheben. Bezeichnen wir diesen Summanden mit S_0, so ergibt sich die relative Änderung der Funktion zu

$$\frac{\Delta(\lambda_2)-\Delta(\lambda_1)}{S_0}=\frac{43{,}56}{1673}=0{,}0260\,,$$

also etwas weniger als zehnmal so groß wie die relative Änderung des Arguments. Es wurde nun angenommen, daß das Verhältnis der relativen Änderungen von Funktion und Argument an der vierten Nullstelle etwa das gleiche sei wie an der dritten. Wir wünschen eine absolute Änderung der Funktion um $+15$, also nach (91) eine relative Funktionsänderung um

$$\frac{15}{S_0'}=\frac{15}{14030}=0{,}00107.$$

Dem müßte nach unserer Annahme eine Argumentänderung von etwas mehr als dem zehnten Teil dieser Größe entsprechen, also wenn wir den Wert von λ in (91) mit λ_1', den gesuchten Wert von λ mit λ_2', die bereits sichergestellten Ziffern von λ mit λ_0' bezeichnen:

$$\frac{\lambda_2'-\lambda_1'}{\lambda_0'}=\frac{\lambda_2'-4{,}53750}{4{,}54}=0{,}000108.$$

Daraus erhalten wir $\lambda=4{,}54240$:

$$\begin{array}{rr} & +\,14144{,}423\cdot 10^{-30}\\ & -\,14130{,}148\cdot 10^{-30}\\ \hline \Delta(4{,}54240)=+ & 14{,}28\cdot 10^{-30}.\end{array} \tag{92}$$

Lineare Interpolation zwischen (91) und (92) ergibt $\lambda=4{,}539948$. Nach den Erfahrungen an der dritten Nullstelle dürfen wir annehmen, daß der interpolierte Wert gewiß zwei sichere Dezimalen mehr hat als die Werte (91) und (92). Wir haben also

$$\lambda^{(4)}=4{,}5399|48. \tag{93}$$

Es sei nochmals darauf hingewiesen, daß wir schon an dieser Stelle die Rechnung hätten abbrechen können, wenn es uns lediglich auf die Bestimmung der Stützensicherheit angekommen wäre (vgl. § 10 d).

e) Die fünfte Nullstelle.

Wir wissen nunmehr (vgl. § 6g), daß auch die fünfte Nullstelle vor dem ersten Pol liegt, da sie sich im gleichen Intervall wie die vierte befinden muß. Damit haben wir eine gute obere Schranke für die fünfte Nullstelle gewonnen und wissen obendrein, daß wir auch zwischen dem ersten und zweiten Pol nicht nach Nullstellen zu suchen brauchen. Dagegen versagt jetzt auch das Verfahren der Extrapolation mit konstanten Differenzen, da wir damit $\lambda=7{,}15030$ erhalten. Dieser Wert liegt bereits jenseits des ersten Pols.

Um einen einigermaßen brauchbaren Ausgangswert zu bekommen, wurde folgendermaßen vorgegangen: Am ersten Pol gibt es keine quadratischen Glieder. Gleichung (47) hat hier also die Form

$$\Delta(\lambda)=-Y_6(\lambda)\cdot\vartheta_6+X_6(\lambda). \tag{94}$$

Liegt die Nullstelle $\lambda^{(5)}$ sehr nahe bei dem Pol, so werden die in der Umgebung des Pols stetigen Funktionen X_6 und Y_6 ihre Werte vom Pol bis zur Nullstelle nur wenig ändern. Schreiben wir Gleichung (94) für die Nullstelle $\lambda^{(5)}$ an, so werden wir daher keinen großen Fehler machen, wenn wir die Funktionswerte $X_6(\lambda^{(5)})$ und $Y_6(\lambda^{(5)})$ durch die Werte am Pol ersetzen:

$$0=-Y_6(\lambda^{(5)})\cdot\vartheta_6+X_6(\lambda^{(5)})\cong-Y_6(\bar{\lambda}_6)\cdot\vartheta_6+X_6(\bar{\lambda}_6).$$

Diese Gleichung können wir nach ϑ_6 auflösen und erhalten dann mit (33) eine Bestimmungsgleichung für den Wert von z_6 an der Nullstelle $\lambda^{(5)}$:

$$\vartheta_6=\frac{\bar{\vartheta}_6}{z_6\sin z_6}=+\frac{X_6(\bar{\lambda}_6)}{Y_6(\bar{\lambda}_6)}\,.$$

Liegt die Nullstelle sehr nahe beim Pol, so liegt $z_6=\bar{z}_6\sqrt{\lambda^{(5)}}$ sehr nahe bei $\bar{z}_6\sqrt{\bar{\lambda}_6}=\pi$. Dann können wir $\sin z_6$ durch $\pi-z_6$ ersetzen und erhalten eine quadratische Gleichung für z_6. Mit

$$\omega=\frac{\bar{\vartheta}_6\cdot Y_6(\bar{\lambda}_6)}{\pi^2\cdot X_6(\bar{\lambda}_6)} \tag{95}$$

erhalten wir, wenn wir die auftretende Quadratwurzel in eine Reihe entwickeln (das wird sich als möglich erweisen) und nach (32) $z_6 = \bar{z}_6 \sqrt{\lambda}$ einführen, als Näherungswert für $\sqrt{\lambda^{(5)}}$ den Wert

$$\sqrt{\lambda} = \frac{\pi}{\bar{z}_6} \cdot (1 - \omega - \omega^2 - 2\,\omega^3 - \cdots). \tag{96}$$

Auf dieser Grundlage ein Iterationsverfahren zur Bestimmung von $\lambda^{(5)}$ aufzubauen, erwies sich als unmöglich, da das Verfahren nicht konvergiert. Die Werte von $\bar{z}_6$ und $\bar{\vartheta}_6$ finden wir in Tabelle B (S. 11), die Werte von $X_6(\bar{\lambda}_6)$ und $Y_6(\bar{\lambda}_6)$ in Tabelle G (S. 19). Damit ergibt sich aus (95) und (96) der Ausgangswert von λ. Bei der Rechnung wurde versehentlich statt des richtigen Wertes $X_6(\bar{\lambda}_6) = +\,17004{,}3 \cdot 10^{-30}$ der Wert $+\,21170{,}3 \cdot 10^{-30}$ verwendet. Damit ergibt sich $\lambda = 6{,}846645$. Mit diesem Wert wurde gerechnet. Er ist wesentlich kleiner als der wirkliche Wert der Nullstelle, den wir gleich 6,98 ... finden werden. Mit dem richtigen Wert von $X_6(\bar{\lambda}_6)$ erhält man ein noch kleineres λ (etwa 6,79), so daß der Irrtum sich für die weitere Rechnung eher fördernd als störend ausgewirkt hat.

Für sämtliche gerechneten Werte in der Nähe des ersten Pols wurden die Funktionswerte $X_6(\lambda)$ und $Y_6(\lambda)$ einzeln bestimmt. Das war ohne viel Mühe möglich, da ϑ_6 explizit in (42) nicht vorkommt, sondern nur in ϱ_{56} enthalten ist. Die Größe $\varrho_{56} = \varrho_5 + \varrho_6$ wurde daher zunächst nicht mit ihrem Zahlenwert eingesetzt, sondern durch die ganze Rechnung als Symbol mitgeführt. Man erhält so am Ende

$$\Delta(6{,}846645) = +\,7573{,}92 \cdot 10^{-30} + 1736{,}97 \cdot 10^{-24} \cdot (\varrho_5 + \varrho_6).$$

Führt man in diese Gleichung $\varrho_6 = -\,\vartheta_6 \cos z_6$ und die Zahlenwerte für ϱ_5 und $\cos z_6$ ein, schließlich auch noch den Zahlenwert für ϑ_6, so ergibt sich

$$\left\{\begin{aligned} X_6(6{,}846645) &= +\,13490{,}65 \cdot 10^{-30} \\ Y_6(6{,}846645) &= -\,1735{,}52 \cdot 10^{-24} \\ \Delta(6{,}846645) &= +\,47600{,}91 \cdot 10^{-30}. \end{aligned}\right. \tag{97}$$

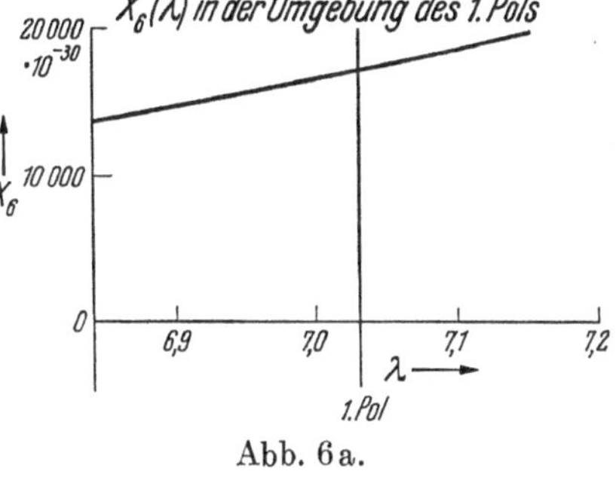

Abb. 6a.

Um mit Hilfe der Funktionen X_6 und Y_6 einen neuen Wert von λ gewinnen zu können, der der Nullstelle näher liegt als der erste, muß man den ungefähren Verlauf dieser Funktionen auf beiden Seiten des Pols kennen. Es mußte daher zunächst ein Wert rechts vom Pol gerechnet werden. Dazu wurde der obenerwähnte Wert $\lambda = 7{,}1503$ gewählt. Die Rechnung ergab

$$\left\{\begin{aligned} X_6(7{,}1503) &= +\,19819{,}17 \cdot 10^{-30} \\ Y_6(7{,}1503) &= +\,4048{,}27 \cdot 10^{-24} \\ \Delta(7{,}1503) &= +\,136695{,}56 \cdot 10^{-30}. \end{aligned}\right. \tag{98}$$

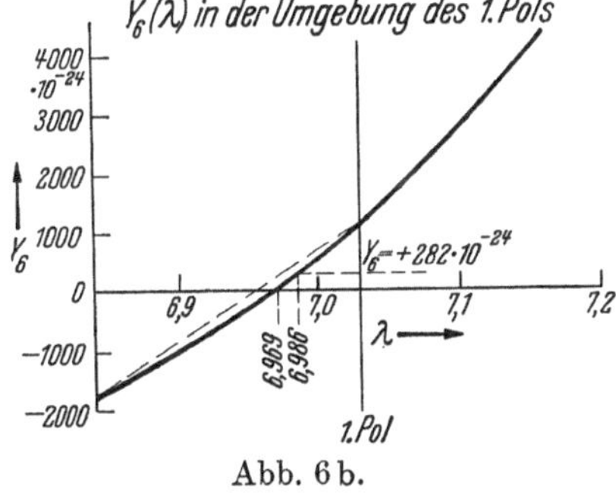

Abb. 6b.

Die drei Werte von $X_6(\lambda)$ und $Y_6(\lambda)$, die wir in (97), Tabelle G und (98) berechnet haben, tragen wir graphisch auf (vgl. Abb. 6). Man sieht, daß Y_6 kurz vor dem Pol verschwindet, und zwar etwa bei $\lambda = 6{,}969$. X_6 ist in dem ganzen betrachteten Bereich positiv. Also ist nach (94) an der Nullstelle von Y_6 sicher $\Delta > 0$. Aus (94) folgt weiter, daß Y_6 positiv sein muß, wenn Δ verschwinden soll, da ϑ_6 vor dem ersten Pol sicher positiv ist und erst am Pol sein Vorzeichen wechselt. Also liegt die Nullstelle von Δ rechts von der Nullstelle von Y_6 (vgl. auch Abb. 4; Δ geht an dieser Nullstelle von positiven zu negativen Werten über). Mit der Nullstelle von Y_6, $\lambda = 6{,}969$ haben wir also eine untere Schranke für $\lambda^{(5)}$. Eine obere Schranke gewinnen wir folgendermaßen: Wir berechnen überschlägig den Wert von ϑ_6 an der Nullstelle von Y_6, $\vartheta_6 = +\,56{,}8 \cdot 10^{-6}$. Aus Abb. 6a lesen wir ab, daß X_6 rechts von der Nullstelle von Y_6 etwa den Wert $+\,16000 \cdot 10^{-30}$ hat. Dann folgt aus (94) für die Nullstelle von Δ etwa $Y_6 = +\,282 \cdot 10^{-24}$. Aus Abb. 6b lesen wir zu diesem Wert von Y_6 etwa $\lambda = 6{,}986$ ab. Das wäre die Nullstelle von Δ, wenn ϑ_6 an dieser Stelle denselben Wert wie an der Stelle 6,969 hätte. Nun wächst aber ϑ_6 bei Annäherung an den ersten Pol mit wachsendem λ monoton über alle positiven Schranken, d. h. an der Stelle $\lambda = 6{,}986$ ist

$\vartheta_6 > +56{,}8$, mithin nach (94) $\Delta(6{,}986) < 0$. An dieser Stelle haben wir also die Nullstelle von Δ bereits überschritten:

(99) $$6{,}969 < \lambda^{(5)} < 6{,}986.$$

Wir wählen daher als nächsten Wert für die Rechnung $\lambda = 6{,}98$ und erhalten

(100) $$\begin{cases} X_6(6{,}98) = +16017{,}15 \cdot 10^{-30} \\ Y_6(6{,}98) = +\quad 175{,}62 \cdot 10^{-24} \\ \Delta(6{,}98) = +\ 3065 \quad \cdot 10^{-30}. \end{cases}$$

Wir befinden uns also in der Tat in unmittelbarster Nähe der Nullstelle. Daher wurde hier ein Versuch mit dem Iterationsverfahren gemacht. Mit den Werten X_6 und Y_6 aus (100) ergeben (95) und (96) $\lambda = 6{,}9892215$. Dieser Wert fällt außerhalb der Schranken (99), wurde aber trotzdem für die weitere Rechnung gewählt, weil es für das im folgenden zu entwickelnde Interpolationsverfahren nützlich erschien, in größerem Abstand von der Nullstelle zwischen ihr und dem Pol einen Wert von Δ zu kennen:

(101) $$\begin{cases} X_6(6{,}9892215) = +16205{,}41 \cdot 10^{-30} \\ Y_6(6{,}9892215) = +\quad 338{,}65 \cdot 10^{-24} \\ \Delta(6{,}9892215) = -14681 \quad \cdot 10^{-30}. \end{cases}$$

Die Konvergenz der Rechnung wurde jetzt durch folgendes Verfahren wesentlich gesteigert. Nach (99) ist

$$|\lambda^{(5)} - \bar{\lambda}_6| \leq |6{,}969 - 7{,}028| = 0{,}059.$$

Also muß die Laurentsche Reihe (46) für Δ in dem von uns betrachteten Gebiet sehr rasch konvergieren, und es erscheint gerechtfertigt, sie näherungsweise nach dem ersten Glied mit positivem Exponenten abzubrechen. Wir setzen also, indem wir etwas umgruppieren, näherungsweise

(102) $$\Delta(\lambda) = a + b\lambda + \frac{R_6}{\lambda - \bar{\lambda}_6}.$$

Sind zwei zusammengehörige Wertepaare λ, Δ gegeben, liefert (102) zwei nichthomogene lineare Gleichungen für a und b, die im allgemeinen deren eindeutige Bestimmung ermöglichen. Setzt man nach der Bestimmung von a und b die rechte Seite von (102) gleich Null, so ergibt sich eine quadratische Gleichung für λ. Die eine der beiden Wurzeln dieser Gleichung muß eine Näherung für die gesuchte Nullstelle von Δ darstellen. Geometrisch bedeutet dies: Wir ersetzen die Kurve $\Delta(\lambda)$ näherungsweise durch eine Hyperbel (wir wollen daher kurz von hyperbolischer Interpolation sprechen), die mit der Kurve Δ zwei Punkte und eine Asymptote gemeinsam hat. Außerdem haben die beiden zusammenfallenden Pole der Hyperbel und der Kurve Δ das gleiche Residuum. Aus dem Vergleich der hyperbolisch und der linear interpolierten Werte können wir mühelos ablesen, wieviel Ziffern des Eigenwertes jeweils sicher sind.

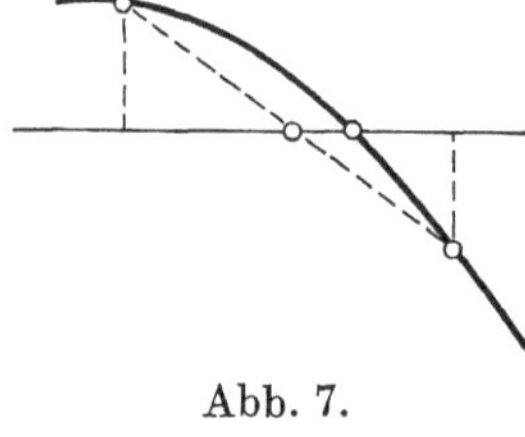

Abb. 7.

Das Residuum des Pols bestimmen wir aus (50) mit den Zahlenwerten der Tabellen B und G für $\nu = 6$:

(103) $$R_6 = +1908{,}34 \cdot 10^{-30}.$$

Interpolieren wir nun mittels (102) hyperbolisch zwischen den Werten (100) und (101), so wird die eine der beiden Wurzeln größer als $\bar{\lambda}_6$ und scheidet dadurch aus. Die andere liefert als Näherungswert für die gesuchte Nullstelle von $\Delta(\lambda)$

$$\lambda = 6{,}9817418 \quad \text{(hyperbolisch interpoliert)},$$
$$\lambda = 6{,}9815927 \quad \text{(linear interpoliert)}.$$

Der linear interpolierte Wert muß in diesem Fall der kleinere der beiden Werte sein, wovon man sich leicht an Hand einer Skizze (Abb. 7) überzeugt. Drei Stellen hinter dem Komma ergeben sich als gesichert.

Der hyperbolisch interpolierte Wert ergibt

(104) $$\begin{cases} X_6\,(6{,}981\,741\,8) = +\;16052{,}383 \cdot 10^{-30} \\ Y_6\,(6{,}981\,741\,8) = +\quad 206{,}036 \cdot 10^{-24} \\ \varDelta\,(6{,}981\,741\,8) = +\quad 287{,}392 \cdot 10^{-30}. \end{cases}$$

Aus (100) und (104) erhält man

$$\lambda = 6{,}981\,917\,93 \quad \text{(hyperbolisch interpoliert)},$$
$$\lambda = 6{,}981\,922\,02 \quad \text{(linear interpoliert)}.$$

Jetzt sind bereits vier Dezimalstellen gesichert. Daß diesmal der linear interpolierte Wert der größere der beiden sein muß, macht eine Skizze (Abb. 8) sofort verständlich. Es folgt:

(105) $$\begin{cases} X_6\,(6{,}981\,917\,93) = +\;16055{,}983 \cdot 10^{-30} \\ Y_6\,(6{,}981\,917\,93) = +\quad 209{,}145 \cdot 10^{-24} \\ \varDelta\,(6{,}981\,917\,93) = -\quad 7{,}769 \cdot 10^{-30}. \end{cases}$$

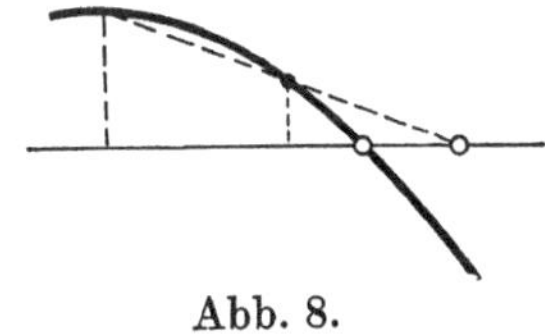

Abb. 8.

Die Interpolation zwischen (104) und (105) ergibt:

$$\lambda = 6{,}981\,913\,25 \quad \text{(hyperbolisch interpoliert)},$$
$$\lambda = 6{,}981\,913\,29 \quad \text{(linear interpoliert)}.$$

Wir haben also jetzt sieben Dezimalstellen sicher. Das ist mehr, als erforderlich ist. Übrigens liegt die achte Stelle bereits außerhalb der Genauigkeit der Rechengrundlagen und der bei der letzten Rechnung eingehaltenen Rechengenauigkeit. Man überzeugt sich davon leicht durch einen Blick auf Abb. 7, die schematisch auch für unsere letzte Interpolation zutrifft. Danach müßte die linear interpolierte Stelle der kleinere der beiden Werte sein, während das umgekehrte der Fall ist.

Damit ist also die fünfte Nullstelle, bisher die schwierigste von allen, bestimmt:

(106) $$\lambda^{(5)} = 6{,}981\,913\,2|5 \quad (\pm\,0{,}000\,000\,05).$$

f) Die sechste Nullstelle.

Diese Nullstelle liegt, wie wir wissen, zwischen dem zweiten und dritten Pol. Sie wird also aller Voraussicht nach näher an jedem von ihnen liegen als die fünfte Nullstelle an dem ihr benachbarten ersten Pol. Wir haben demnach hier noch wesentlich größere Schwierigkeiten zu erwarten als bei der vorigen Nullstelle. Dabei versagen jetzt alle Mittel, die uns das Aufsuchen der fünften Nullstelle so wesentlich vereinfacht haben. Da wir uns zwischen zwei nahe benachbarten Polen befinden, müßten wir, um die Methode des vorigen Abschnitts in entsprechend modifizierter Form anwenden zu können, für jeden Wert die Rechnung zweimal durchführen, um sowohl X_5 und Y_5 als auch X_2 und Y_2 in jedem Falle zu bestimmen. Außerdem treten sowohl ϑ_5 wie ϑ_2 in $\varDelta$ auch quadratisch auf; d. h. wir müßten außerdem noch jedesmal Z_5 und Z_2 berechnen. Dadurch wird die Rechnung so umständlich, daß wir es vorzogen, das Intervall zunächst auf gut Glück abzutasten. Von der hyperbolischen Interpolation konnte man sich hier bei der großen Nähe eines zweiten Pols auch nicht viel versprechen. So haben wir uns denn durchweg auf lineare Interpolation beschränkt.

Als Ausgangspunkt wurde ein Wert gewählt, der um etwa ein Fünftel der Intervallbreite zwischen den beiden Polen vom dritten Pol entfernt ist. Als Fünftelpunkt ergibt sich etwa $\lambda = 9{,}487$. Gerechnet wurde mit $\lambda = 9{,}4864$, weil dieser Wert ein vollständiges Quadrat ist ($\sqrt{\lambda} = 3{,}08$). Es ergibt sich

(107) $$\begin{array}{r} +\;350\,303\,632{,}6 \cdot 10^{-30} \\ -\;347\,723\,845{,}1 \cdot 10^{-30} \\ \hline \varDelta\,(9{,}4864) = +\quad 2\,579\,787{,}5 \cdot 10^{-30}. \end{array}$$

Als nächster Wert wurde $\lambda = 9$ gewählt:

(108) $$\begin{array}{r} +\;79\,048\,708{,}05 \cdot 10^{-30} \\ -\;79\,642\,413{,}15 \cdot 10^{-30} \\ \hline \varDelta\,(9) = -\quad 593\,705{,}10 \cdot 10^{-30}. \end{array}$$

Sodann wurde mit $\lambda = 9{,}089\,570$ gerechnet. Es ergibt sich

$$\begin{array}{r} +\,80\,500\,626{,}71 \cdot 10^{-30} \\ -\,80\,955\,178{,}93 \cdot 10^{-30} \\ \hline \end{array}$$

(109) $$\varDelta\,(9{,}089\,570) = -\quad 454\,552{,}22 \cdot 10^{-30}.$$

Der letzte Wert (109) wurde zur Interpolation sowohl mit dem Wert (108) wie mit dem Wert (107) verbunden. Bezeichnen wir das erste Interpolationsergebnis mit λ_1, das zweite mit λ_2, so ist aus der Krümmung zu schließen (vgl. Abb. 9), daß die wirkliche Nullstelle näher an λ_1 als an λ_2 liegt. Es wurde daher gerechnet mit $\lambda = \lambda_1 - \frac{1}{4}(\lambda_1 - \lambda_2) = 9{,}325$. Das Ergebnis ist

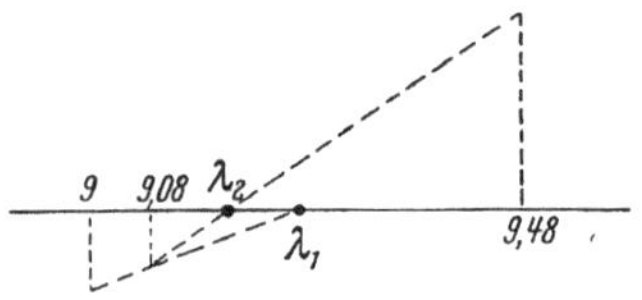

Abb. 9.

$$\begin{array}{r} +\,109\,411\,663{,}2 \cdot 10^{-30} \\ -\,109\,215\,700{,}6 \cdot 10^{-30} \\ \hline \end{array}$$

(110) $$\varDelta\,(9{,}325) = +\quad 195\,962{,}6 \cdot 10^{-30}.$$

Die Interpolation zwischen (109) und (110) ergibt $\lambda = 9{,}254\,0784$:

$$\begin{array}{r} +\,98\,397\,717{,}89 \cdot 10^{-30} \\ -\,98\,425\,056{,}32 \cdot 10^{-30} \\ \hline \end{array}$$

(111) $$\varDelta\,(9{,}254\,0784) = -\quad 27\,338{,}43 \cdot 10^{-30}.$$

Lineare Interpolation liefert $\lambda = 9{,}262\,7611$. Gerechnet wurde mit dem runden Wert $\lambda = 9{,}263$:

$$\begin{array}{r} +\,100\,129\,612{,}5 \cdot 10^{-30} \\ -\,100\,121\,088{,}4 \cdot 10^{-30} \\ \hline \end{array}$$

(112) $$\varDelta\,(9{,}263) = +\quad 8\,524{,}1 \cdot 10^{-30}.$$

Interpoliert man zwischen (111) und (112), so erhält man $\lambda = 9{,}260\,8794$. Es wurden daher die beiden Werte $\lambda = 9{,}2608$ und $\lambda = 9{,}2609$ gerechnet. Es ergibt sich

$$\begin{array}{r} +\,99\,692\,858{,}42 \cdot 10^{-30} \\ -\,99\,693\,352{,}62 \cdot 10^{-30} \\ \hline \end{array}$$

(113) $$\varDelta\,(9{,}2608) = -\quad 494{,}20 \cdot 10^{-30}.$$

$$\begin{array}{r} +\,99\,712\,490{,}92 \cdot 10^{-30} \\ -\,99\,712\,586{,}36 \cdot 10^{-30} \\ \hline \end{array}$$

(114) $$\varDelta\,(9{,}2609) = -\quad 89{,}44 \cdot 10^{-30}.$$

Das Ergebnis der linearen Interpolation ist $\lambda = 9{,}260\,922$. Wiederholt man die Rechnung noch einmal mit diesem Wert, so erhält man schließlich

$$\begin{array}{r} +\,99\,716\,848{,}20 \cdot 10^{-30} \\ -\,99\,716\,848{,}36 \cdot 10^{-30} \\ \hline \end{array}$$

(115) $$\varDelta\,(9{,}260\,922) = -\quad 0{,}16 \cdot 10^{-30}.$$

Das ist genau gleich Null. Denn den beiden Stellen hinter dem Komma kommt keine Bedeutung zu. Wir mußten neun Werte von $\varDelta$ berechnen, ehe wir diese Nullstelle mit der erforderlichen Genauigkeit bestimmen konnten. Das bedeutet mehr als eine Woche Arbeit für eine volle Arbeitskraft, um diese eine — allerdings besonders kritische — Nullstelle zu berechnen! Das Ergebnis ist:

(116) $$\lambda^{(6)} = 9{,}260\,922\,0|0.$$

g) Die siebente Nullstelle.

Die beiden letzten Nullstellen, die siebente und achte, liegen, wie wir wissen, in dem Intervall zwischen dem fünften und sechsten Pol (vgl. Abb. 4). Die erste Aufgabe ist, sie zu trennen, d. h. einen positiven Wert von $\varDelta$ zu finden. Wir wissen bereits [vgl. (77a)], daß in der Intervallmitte $\lambda = 14{,}887\,066\,975$ der Wert von $\varDelta$ positiv ist. Die genaue Rechnung ergibt

$$\begin{array}{r} +\,10\,560{,}166\,085 \cdot 10^{-30} \\ -\quad 7\,915{,}616\,109 \cdot 10^{-30} \\ \hline \end{array}$$

(117) $$\varDelta\,(14{,}887\,066\,975) = +\quad 2\,644{,}549\,976 \cdot 10^{-30}.$$

Das nächste Ziel ist, die siebente Nullstelle einzuschließen. Der erste Versuch wurde mit dem Intervallviertel $\lambda = 12{,}78528638$ gemacht. Es ergab sich

$$\begin{array}{r} +\,46946{,}56231 \cdot 10^{-30} \\ -\,60520{,}305\,80 \cdot 10^{-30} \\ \hline \end{array}$$

$$\Delta\,(12{,}78528638) = -\,13573{,}74349 \cdot 10^{-30}. \tag{118}$$

Lineare Interpolation zwischen (117) und (118) ergibt $\lambda = 14{,}54435126$. Der Wert ist der Krümmung wegen sicher zu groß (vgl. Abb. 4 und Abb. 10). Daher wurde die nächste Rechnung mit $\lambda = 14{,}4$ durchgeführt:

$$\begin{array}{r} +\,14407{,}844061 \cdot 10^{-30} \\ -\,12172{,}865329 \cdot 10^{-30} \\ \hline \end{array}$$

$$\Delta\,(14{,}4) = +\ \ 2234{,}978732 \cdot 10^{-30}. \tag{119}$$

Vergleicht man (117) und (119), so erkennt man, daß die Kurve Δ in der Intervallmitte 14,8 ... eine nahezu waagerechte Tangente haben muß. Unter dieser Annahme ließ sich mittels der drei gerechneten Punkte (117), (118), (119) und mit Berücksichtigung der Asymptote am fünften Pol ein wesentlich genaueres Bild als die vorige Skizze (Abb. 10) gewinnen. Aus dieser Zeichnung wurde abgelesen, daß die Nullstelle in der Nähe von $\lambda = 13{,}8$ liegen muß. Mit diesem Wert ergibt sich

$$\begin{array}{r} +\,21762{,}870421 \cdot 10^{-30} \\ -\,21335{,}235374 \cdot 10^{-30} \\ \hline \end{array}$$

$$\Delta\,(13{,}8) = +\ \ 427{,}635047 \cdot 10^{-30}. \tag{120}$$

Auch dieser Wert wurde nun in die zu der vorigen graphischen Interpolation benutzte Zeichnung eingetragen. An der so verbesserten Kurve wurde als Nullstelle $\lambda = 13{,}72$ abgelesen. Damit erhält man

$$\begin{array}{r} +\,23054{,}404024 \cdot 10^{-30} \\ -\,23057{,}545883 \cdot 10^{-30} \\ \hline \end{array}$$

$$\Delta\,(13{,}72) = -\ \ 3{,}141859 \cdot 10^{-30}. \tag{121}$$

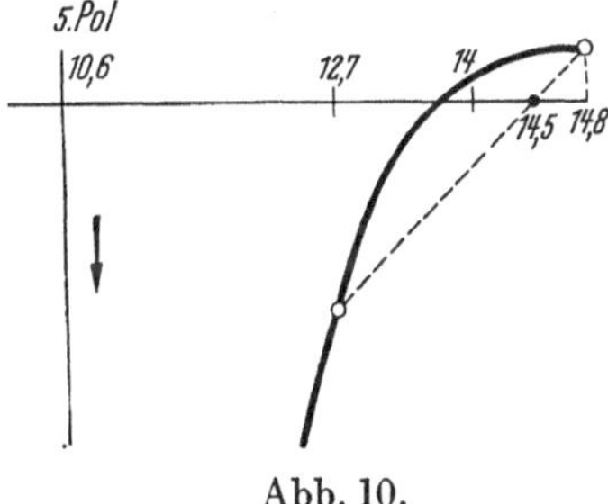

Abb. 10.

Lineare Interpolation zwischen den beiden letzten Werten ergibt $\lambda = 13{,}72058348$:

$$\begin{array}{r} +\,23044{,}689804 \cdot 10^{-30} \\ -\,23044{,}467555 \cdot 10^{-30} \\ \hline \end{array}$$

$$\Delta\,(13{,}72058348) = +\ \ 0{,}222249 \cdot 10^{-30}. \tag{122}$$

Die Schlußinterpolation wurde wieder hyperbolisch durchgeführt. Für das Residuum am fünften Pol folgt aus (50) mit den Zahlenwerten der Tabellen B und G für $\nu = 4$:

$$R_4 = -\,406373{,}207 \cdot 10^{-30}. \tag{123}$$

Damit ergab sich aus (121) und (122)

$$\lambda = 13{,}72054446 \text{ (hyperbolisch interpoliert)},$$
$$\lambda = 13{,}72054493 \text{ (linear interpoliert)}.$$

Der linear interpolierte Wert ergibt sich im Einklang mit der Krümmung (vgl. Abb. 10) als ein wenig zu groß. Wir dürfen daher auch die siebente Dezimale des hyperbolisch interpolierten Wertes noch als sicher ansehen:

$$\lambda^{(7)} = 13{,}7205444|6. \tag{124}$$

h) Die achte Nullstelle.

Das Residuum des sechsten Pols ergibt sich aus (50) und den Zahlenwerten der Tabellen B und G für $\nu = 1$ zu

(125) $$R_1 = +\,991{,}012700 \cdot 10^{-30}.$$

Mit Hilfe der dem sechsten Pol am nächsten kommenden Werte (117) und (119) wurde durch hyperbolische Interpolation der erste grobe Anhalt für die Lage der achten Nullstelle zu $\lambda = 18{,}93793575$ gewonnen:

$$\begin{array}{r} +\,11792{,}339138 \cdot 10^{-30} \\ -\,23694{,}616977 \cdot 10^{-30} \\ \hline \end{array}$$

(126) $$\Delta\,(18{,}93793575) = -\,11902{,}277839 \cdot 10^{-30}.$$

Offenbar lohnt es sich noch nicht, weitere Werte durch Interpolation zu bestimmen. Um weiterzukommen wurde daher die Tatsache benutzt, daß wir in (126) ungefähr denselben Wert für Δ erhalten haben wie in (118) am ersten Viertelspunkt des Intervalls. Der nächste Versuch wurde daher mit der Annahme gemacht, daß die achte Nullstelle etwa ebensoweit vom Punkte $\lambda = 18{,}938$ entfernt sei wie die siebente vom Punkte $\lambda = 12{,}785$. Das ergäbe für die achte Nullstelle den Wert $\lambda = 18{,}00$:

$$\begin{array}{r} +\,3018{,}329065 \cdot 10^{-30} \\ -\,3207{,}145076 \cdot 10^{-30} \\ \hline \end{array}$$

(127) $$\Delta\,(18) = -\quad 188{,}816011 \cdot 10^{-30}.$$

Hyperbolische Interpolation zwischen (126) und (127) ergibt, auf zwei Dezimalen abgerundet, $\lambda = 17{,}97$:

$$\begin{array}{r} +\,2984{,}097138 \cdot 10^{-30} \\ -\,3105{,}573189 \cdot 10^{-30} \\ \hline \end{array}$$

(128) $$\Delta\,(17{,}97) = -\quad 121{,}476051 \cdot 10^{-30}.$$

Aus (127) und (128) folgt durch hyperbolische Interpolation $\lambda = 17{,}91442156$. Mit diesem Wert wurde die Rechnung durchgeführt und sodann aus dem Ergebnis und (128) durch hyperbolische Interpolation der Wert $\lambda = 17{,}92080403$ ermittelt:

$$\begin{array}{r} +\,2931{,}951976 \cdot 10^{-30} \\ -\,2948{,}267339 \cdot 10^{-30} \\ \hline \end{array}$$

(129) $$\Delta\,(17{,}92080403) = -\quad 16{,}315363 \cdot 10^{-30}.$$

Dadurch, daß die vier letzten Werte in eine Zeichnung eingetragen wurden, wurde offensichtlich, daß bei der Rechnung mit dem Wert 17,914... ein Rechenfehler unterlaufen war. Er mußte also aus der weiteren Rechnung ausscheiden. Hyperbolische Interpolation zwischen (128) und (129) ergab $\lambda = 17{,}91303858$:

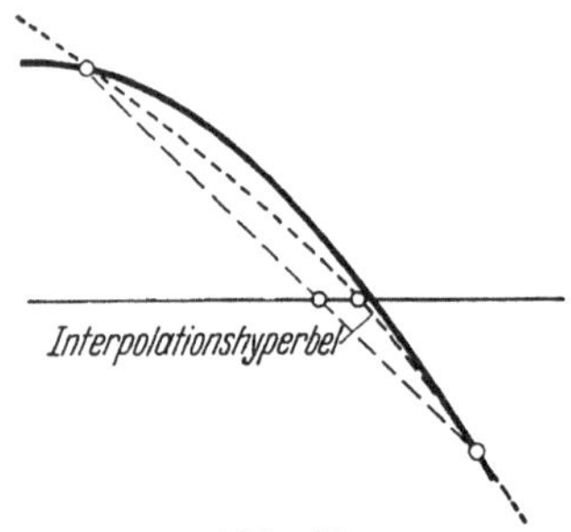

$$\begin{array}{r} +\,2924{,}135718 \cdot 10^{-30} \\ -\,2924{,}405004 \cdot 10^{-30} \\ \hline \end{array}$$

(130) $$\Delta\,(17{,}91303858) = -\quad 0{,}269286 \cdot 10^{-30}.$$

Abb. 11.

Die Interpolation zwischen (129) und (130) liefert

$$\lambda = 17{,}91290793 \text{ (hyperbolisch interpoliert)}$$
$$\lambda = 17{,}91290826 \text{ (linear interpoliert)}.$$

Die beiden Werte stimmen in sechs Dezimalstellen überein. Nach der Krümmung an dieser Nullstelle zu urteilen, muß die lineare Interpolation den kleineren der beiden Werte ergeben (vgl. Abb. 11). Da das umgekehrte der Fall ist, gehen die beiden letzten Dezimalen bereits über den Rahmen der Genauigkeit der angewandten Rechenmethoden hinaus. Die letzte Nullstelle, die wir berechnen wollten, ist also auf sechs Dezimalen genau

(131) $$\lambda^{(8)} = 17{,}912907\,|\,93.$$

Abschließend seien noch einmal die acht ersten Eigenwerte des Hilfsproblems zusammengestellt:

$$\text{(H)}\quad \left\{\begin{aligned} \lambda^{(1(} &= 0{,}24047 \\ \lambda^{(2)} &= 1{,}08161 \\ \lambda^{(3)} &= 2{,}516317 \\ \lambda^{(4)} &= 4{,}539948 \\ \lambda^{(5)} &= 6{,}98191325 \\ \lambda^{(6)} &= 9{,}26092200 \\ \lambda^{(7)} &= 13{,}72054446 \\ \lambda^{(8)} &= 17{,}91290793 \end{aligned}\right.$$

§ 8. Die Knotenpunktsmomente des Hilfsstabes.

Nachdem wir die Eigenwerte kennen, können wir aus dem Gleichungssystem (I) bis (VI) (S. 8) die Knotenpunktsmomente M_ν berechnen. Zu jedem Eigenwert gibt es ein Lösungssystem, das bis auf einen willkürlich bleibenden konstanten Faktor eindeutig bestimmt ist. Mit anderen Worten heißt dies: Aus fünf dieser Gleichungen können wir fünf der Unbekannten durch die sechste ausdrücken. Die sechste Gleichung muß dann eine Identität sein. Da ein solches Lösungssystem nur existiert, wenn die Determinante Δ verschwindet, so ist die Erfüllung der sechsten Gleichung eine Probe für die ganze bisherige Rechnung. Wir können die Erfüllung dieser Gleichung natürlich nur im Rahmen der Genauigkeit erwarten, mit der wir die betreffende Nullstelle der Determinante bestimmt haben. Die Ungenauigkeit wird weiter dadurch gesteigert, daß — wie bereits früher bemerkt — mit wachsender Ordnung des Eigenwertes eine wachsende Zahl geltender Ziffern sich bei der Auflösung des Gleichungssystems durch Subtraktionen heraushebt.

Der Bau der Gleichungen (I) bis (VI) legt es nahe, als Unbekannte die fünf Momente M_ν zu wählen. Dadurch wird die Querkraft Q zum willkürlich bleibenden Proportionalitätsfaktor, und wir bringen daher in allen sechs Gleichungen das Glied mit Q auf die rechte Seite. Ebenso liegt es nahe, die Gleichungen (I) bis (V) zur Bestimmung der Unbekannten zu verwenden, die überzählige Gleichung (VI) zur Probe.

Zunächst müssen wir nun zu jedem Eigenwert $\lambda^{(i)}$ die zugehörigen Werte $\varrho_{\nu,\nu+1}$ und ϑ_ν berechnen, die wir mit $\varrho_{\nu,\nu+1}^{(i)}$ und $\vartheta_\nu^{(i)}$ bezeichnen. Ebenso bezeichnen wir die aus (I) bis (V) zum Eigenwert $\lambda^{(i)}$ sich ergebenden Momente M_ν mit $M_\nu^{(i)}$. Im folgenden werden die Ergebnisse der Rechnung zusammengestellt.

a) Der erste Eigenwert.

Für den ersten Eigenwert $\lambda^{(1)}$ ist das Ergebnis der Rechnung das folgende:

$$(132)\quad \left\{\begin{aligned} M_1^{(1)} &= -1062{,}3293\cdot Q \\ M_2^{(1)} &= -2296{,}2532\cdot Q \\ M_3^{(1)} &= -3174{,}1358\cdot Q \\ M_4^{(1)} &= -3308{,}3779\cdot Q \\ M_5^{(1)} &= -2407{,}2445\cdot Q \end{aligned}\right.$$

Setzt man diese Werte in Gleichung (VI) ein, die durch sie identisch befriedigt sein muß, so ergibt sich

Linke Seite von Gleichung (VI) $= +11206{,}7126\cdot 10^{-3}\cdot Q$

Rechte Seite von Gleichung (VI) $= Q\cdot l\,\Sigma = +11030{,}546\cdot 10^{-3}\cdot Q$.

Die Gleichung ist also mit zwei geltenden Ziffern erfüllt. Die Schlußgleichung des Eliminationsprozesses lautete

$$-3{,}156259\cdot M_4^{(1)} = +10442{,}0976\cdot Q\,.$$

Dagegen hatten sämtliche $\varrho_{\nu,\nu+1}^{(1)}$ und $\vartheta_\nu^{(1)}$ zwei geltende Ziffern vor dem Komma. Bei der Elimination ist also eine geltende Ziffer verlorengegangen. Daher können wir aus der Probe schließen, daß $\lambda^{(1)}$ auf drei Ziffern richtig war, übereinstimmend mit Gleichung (81).

b) Der zweite Eigenwert.

Die Rechnung ergibt:

$$(133)\qquad \left\{\begin{aligned} M_1^{(2)} &= -2726{,}8366\cdot Q\\ M_2^{(2)} &= -4449{,}9764\cdot Q\\ M_3^{(2)} &= -1256{,}0116\cdot Q\\ M_4^{(2)} &= +4556{,}0161\cdot Q\\ M_5^{(2)} &= +6593{,}8636\cdot Q \end{aligned}\right.$$

Die Probe ergibt:

Linke Seite von Gleichung (VI) $= +11292{,}6198\cdot 10^{-3}\cdot Q$

Rechte Seite von Gleichung (VI) $= Q\cdot l\,\Sigma = +11030{,}546\cdot 10^{-3}\cdot Q$.

Bei der Elimination sind ein bis zwei Stellen verlorengegangen. Gleichung (VI) stimmt mit zwei geltenden Ziffern. Also ist $\lambda^{(2)}$ auf drei bis vier Ziffern genau, übereinstimmend mit Gleichung (86).

c) Der dritte Eigenwert.

Es ergibt sich

$$(134)\qquad \left\{\begin{aligned} M_1^{(3)} &= -2870{,}1491\cdot Q\\ M_2^{(3)} &= -1412{,}8474\cdot Q\\ M_3^{(3)} &= +4559{,}4040\cdot Q\\ M_4^{(3)} &= +2136{,}1003\cdot Q\\ M_5^{(3)} &= -5212{,}3631\cdot Q \end{aligned}\right.$$

Linke Seite von Gleichung (VI) $= +11029{,}7334\cdot 10^{-3}\cdot Q$

Rechte Seite von Gleichung (VI) $= Q\cdot l\,\Sigma = +11030{,}546\cdot 10^{-3}\cdot Q$.

Die fünfte geltende Ziffer ist um knapp eine Einheit falsch. Bei der Elimination ist eine geltende Ziffer verlorengegangen, $\lambda^{(3)}$ ist also etwa in sechs geltenden Ziffern genau. Das stimmt gut mit Gleichung (90) überein.

d) Der vierte Eigenwert.

$$(135)\qquad \left\{\begin{aligned} M_1^{(4)} &= -4162{,}5884\cdot Q\\ M_2^{(4)} &= +2286{,}3572\cdot Q\\ M_3^{(4)} &= +3283{,}9015\cdot Q\\ M_4^{(4)} &= -7246{,}9631\cdot Q\\ M_5^{(4)} &= +4991{,}4437\cdot Q \end{aligned}\right.$$

Linke Seite von Gleichung (VI) $= +11029{,}2145\cdot 10^{-3}\cdot Q$

Rechte Seite von Gleichung (VI) $= Q\cdot l\,\Sigma = +11030{,}546\cdot 10^{-3}\cdot Q$.

Vier geltende Ziffern sind genau richtig, die fünfte ist um etwas mehr als eine Einheit falsch. Bei der Elimination heben sich jetzt schon zwei Ziffern fort. $\lambda^{(4)}$ kann also als auf sechs Ziffern genau angesehen werden, die siebente ist noch nahezu richtig. Das bedeutet, daß $\lambda^{(4)}$ um eine Stelle genauer ist, als wir aus seiner Berechnung schlossen [vgl. (93)].

e) Der fünfte Eigenwert.

$$(136)\qquad \left\{\begin{aligned} M_1^{(5)} &= -4146{,}8139\cdot Q\\ M_2^{(5)} &= +4692{,}3502\cdot Q\\ M_3^{(6)} &= -4090{,}3199\cdot Q\\ M_4^{(5)} &= +1632{,}45471\cdot Q\\ M_5^{(5)} &= -\ \ 77{,}868831\cdot Q \end{aligned}\right.$$

Linke Seite von Gleichung (VI) $= +11030{,}3121\cdot 10^{-3}\cdot Q$

Rechte Seite von Gleichung (VI) $= Q\cdot l\,\Sigma = +11030{,}546\cdot 10^{-3}\cdot Q$.

Fünf Ziffern sind genau richtig, der Fehler der sechsten beträgt etwa zwei Einheiten. Zwei bis drei geltende Ziffern haben sich bei der Elimination fortgehoben. $\lambda^{(5)}$ ist daher auf etwa acht geltende Ziffern genau, übereinstimmend mit dem Ergebnis in Gleichung (106).

f) Der sechste Eigenwert.

$$(137)\quad \begin{cases} M_1^{(6)} = -3741{,}4558 \cdot Q \\ M_2^{(6)} = +4048{,}3681 \cdot Q \\ M_3^{(6)} = -4503{,}8539 \cdot Q \\ M_4^{(6)} = +5844{,}5751 \cdot Q \\ M_5^{(6)} = -4758{,}1148 \cdot Q \end{cases}$$

Linke Seite von Gleichung (VI) $= +11030{,}5229 \cdot 10^{-3} \cdot Q$

Rechte Seite von Gleichung (VI) $= Q \cdot l\,\Sigma = +11030{,}546 \cdot 10^{-3} \cdot Q$.

Hier sind sechs geltende Ziffern genau richtig. Bei der Elimination haben sich zwei bis drei geltende Ziffern fortgehoben. Daraus folgt, daß in $\lambda^{(6)}$ acht bis neun Ziffern genau sind, in sehr guter Übereinstimmung mit Gleichung (116).

g) Der siebente Eigenwert.

$$(138)\quad \begin{cases} M_1^{(7)} = -5124{,}69784 \cdot Q \\ M_2^{(7)} = -3409{,}66454 \cdot Q \\ M_3^{(7)} = +14577{,}0872 \cdot Q \\ M_4^{(7)} = -22393{,}8205 \cdot Q \\ M_5^{(7)} = +26838{,}8156 \cdot Q \end{cases}$$

Linke Seite von Gleichung (VI) $= +11032{,}01389 \cdot 10^{-3} \cdot Q$

Rechte Seite von Gleichung (VI) $= Q \cdot l\,\Sigma = +11030{,}546 \cdot 10^{-3} \cdot Q$.

Hier sind vier Stellen genau, die fünfte fast richtig. Bei der Elimination gehen jetzt schon drei geltende Ziffern verloren. Sieben bis acht Ziffern von $\lambda^{(7)}$ sind also als richtig anzusehen. Demnach wäre unsere Schätzung der richtigen Stellenzahl in (124) etwas zu günstig gewesen.

h) Der achte Eigenwert.

$$(139)\quad \begin{cases} M_1^{(8)} = -547{,}809331 \cdot Q \\ M_2^{(8)} = -6838{,}24839 \cdot Q \\ M_3^{(8)} = +8329{,}85772 \cdot Q \\ M_4^{(8)} = -1270{,}614371 \cdot Q \\ M_5^{(8)} = -10499{,}90957 \cdot Q \end{cases}$$

Linke Seite von Gleichung (VI) $= +11030{,}68646 \cdot 10^{-3} \cdot Q$

Rechte Seite von Gleichung (VI) $= Q \cdot l\,\Sigma = +11030{,}546 \cdot 10^{-3} \cdot Q$.

Hier sind fünf Stellen genau richtig, die sechste beinahe. Zwei bis drei Stellen sind durch die Elimination verlorengegangen, so daß wir $\lambda^{(8)}$ auf etwa acht bis neun geltende Ziffern als sicher ansehen können. Das ist etwa eine Stelle mehr, als wir bei Ableitung des Wertes (131) für $\lambda^{(8)}$ geschätzt hatten.

§ 9. Die Eigenfunktionen des Hilfsproblems.

Die Gleichung der Eigenfunktion $\varphi^{(i)}$ zum Eigenwert $\lambda^{(i)}$ erhalten wir (vgl. den Anfang von § 4), wenn wir in Gleichung (7) f_ν für η_ν setzen und alle dort auftretenden Größen auf den Eigenwert $\lambda^{(i)}$ beziehen. Führen wir noch Gleichung (2) in (7) ein und berücksichtigen, daß in unserem Fall alle l_ν die gleiche Größe l haben, setzen wir ferner

$$(140)\qquad \overline{M}_\nu^{(i)} = \frac{M_\nu^{(i)}}{Q}, \qquad \overline{f}_\nu^{(i)} = \frac{f_\nu^{(i)}}{Q},$$

so erhalten wir schließlich für die Eigenfunktion zum Eigenwert $\lambda^{(i)}$ im Felde ν:

$$(141)\quad \begin{cases} \varphi_\nu^{(i)}(x_\nu) = \dfrac{1}{\lambda^{(i)} S_\nu} \times \\ \times \left[\dfrac{\overline{M}_{\nu-1}^{(i)} \cdot \cos z_\nu^{(i)} - \overline{M}_\nu^{(i)}}{\sin z_\nu^{(i)}} \cdot \sin\left(z_\nu^{(i)} \cdot \dfrac{x_\nu}{l}\right) - \overline{M}_{\nu-1}^{(i)} \cdot \cos\left(z_\nu^{(i)} \cdot \dfrac{x_\nu}{l}\right) - x_\nu + \left(\overline{M}_{\nu-1}^{(i)} + \lambda^{(i)} S_\nu \overline{f}_{\nu-1}^{(i)}\right)\right] \cdot Q \\ (\nu = 1, 2, \ldots, 6). \end{cases}$$

Dabei ist zu berücksichtigen, daß sich die erste und letzte (sechste) dieser Gleichungen wegen (27), $M_0 = 0 = M_6$, noch etwas vereinfachen. Für die weitere Rechnung führen wir ferner die folgenden Abkürzungen ein:

$$(142)\quad t_\nu^{(i)} = \overline{M}_{\nu-1}^{(i)} + \lambda^{(i)} S_\nu \overline{f}_{\nu-1}^{(i)}, \qquad u_\nu^{(i)} = (\overline{M}_{\nu-1}^{(i)} \cdot \cos z_\nu^{(i)} - \overline{M}_\nu^{(i)}) \cdot \frac{z_\nu^{(i)}}{\sin z_\nu^{(i)}}, \qquad v_\nu^{(i)} = \overline{M}_{\nu-1}^{(i)} \cdot z_\nu^{(i)} \qquad (\nu = 1, 2, \ldots, 6).$$

Dann nimmt die Gleichung der Eigenfunktion die folgende Gestalt an:

$$(143)\quad \varphi_\nu^{(i)}(x_\nu) = \frac{1}{\lambda^{(i)} S_\nu} \cdot \left[\frac{u_\nu^{(i)}}{z_\nu^{(i)}} \cdot \sin\left(z_\nu^{(i)} \cdot \frac{x_\nu}{l}\right) - \frac{v_\nu^{(i)}}{z_\nu^{(i)}} \cdot \cos\left(z_\nu^{(i)} \cdot \frac{x_\nu}{l}\right) - x_\nu + t_\nu^{(i)}\right] \cdot Q \quad (\nu = 1, 2, \ldots, 6).$$

Für den Differentialquotienten erhalten wir daraus

$$(144)\quad \frac{d\varphi_\nu^{(i)}(x_\nu)}{d x_\nu} = \frac{1}{l\,\lambda^{(i)} S_\nu} \cdot \left[u_\nu^{(i)} \cdot \cos\left(z_\nu^{(i)} \cdot \frac{x_\nu}{l}\right) + v_\nu^{(i)} \cdot \sin\left(z_\nu^{(i)} \cdot \frac{x_\nu}{l}\right) - l\right] \cdot Q \quad (\nu = 1, 2, \ldots, 6).$$

Setzen wir darin $x_\nu = 0$, so erhalten wir die Tangenten an die Eigenfunktion $\varphi^{(i)}$ an den linken Feldenden, d. h. jeweils am Knoten $(\nu - 1)$. Bezeichnen wir die Tangente am Knoten ν mit $f_\nu^{(i)\prime}$, so ergibt sich:

$$(145)\quad \left[\frac{d\varphi_\nu^{(i)}}{d x_\nu}\right]_{x_\nu = 0} = f_{\nu-1}^{(i)\prime} = \frac{1}{l\,\lambda^{(i)} S_\nu} \cdot (u_\nu^{(i)} - l) \cdot Q \qquad (\nu = 1, 2, \ldots, 6).$$

Wollen wir endlich noch die Tangente am Knoten 6, d. h. am rechten Stabende berechnen, so haben wir in (144) $\nu = 6$ und $x_6 = l$ zu setzen und erhalten

$$(146)\quad \begin{cases} \left[\dfrac{d\varphi_6^{(i)}}{d x_6}\right]_{x_6 = l} = f_6^{(i)\prime} = \dfrac{1}{l\,\lambda^{(i)} S_6} \cdot (u_6^{(i)} \cos z_6^{(i)} + v_6^{(i)} \sin z_6^{(i)} - l) \cdot Q = \\[2ex] \qquad = \dfrac{1}{l\,\lambda^{(i)} S_6} \left[\overline{M}_5^{(i)} \left(\dfrac{z_6^{(i)}}{\sin z_6^{(i)}} - 1\right) - \lambda^{(i)} S_6 \overline{f}_5^{(i)}\right] \cdot Q. \end{cases}$$

Die Durchbiegungen $f_\nu^{(i)}$ an den Knotenpunkten berechnen wir aus Gleichung (36), die mit (140) die folgende Form annimmt:

$$(147)\quad f_{\nu-1}^{(i)} - f_\nu^{(i)} = \frac{1}{\lambda^{(i)} S_\nu} \cdot [(\overline{M}_\nu^{(i)} - \overline{M}_{\nu-1}^{(i)}) + l] \cdot Q \qquad (\nu = 1, 2, \ldots, 6).$$

Da die Durchbiegungen an den beiden Endpunkten verschwinden [vgl. (28)], also bekannt sind, sind das sechs Gleichungen für die fünf Unbekannten $f_\nu^{(i)}$ $(\nu = 1, 2, \ldots, 5)$. Die überzählige Gleichung muß identisch erfüllt sein. Sie ist genau erfüllt, wenn die überzählige Momentengleichung (VI) (vgl. den vorigen Paragraphen) genau erfüllt ist. Sie wird also praktisch nur in dem Maße richtig sein, das der Genauigkeit entspricht, mit der $\lambda^{(i)}$ bestimmt wurde. Da wir in (147) die Differenzen der an sich schon unsicheren Momente zu bilden haben, wodurch sich die Fehler addieren können und unter Umständen weitere geltende Ziffern verlorengehen, da wir sodann zur Auflösung der Gleichungskette (147) benachbarte Werte und damit auch ihre Fehler addieren müssen, wird die sichere Stellenzahl der $f_\nu^{(i)}$ recht gering. Wir werden die Durchbiegung $f_3^{(i)}$ des mittleren Knotens 3 zweimal berechnen, einmal vom linken Stabende her und einmal vom rechten. Die Zahl der Ziffern, in denen beide Werte übereinstimmen, ist ein Maß für die Genauigkeit, mit der wir die Eigenfunktionen erhalten haben. Wir werden dann das arithmetische Mittel beider Werte mit $f_3^{(i)}$ bezeichnen und mit diesem Wert weiterrechnen; d. h. wir nehmen den Ausgleich des Fehlers in den beiden mittleren Feldern 3 und 4 vor.

a) Die erste Eigenfunktion.

Aus (147) und (132) wurden die Durchbiegungen der Knotenpunkte bestimmt. Es ergab sich

$$(148)\quad \begin{cases} f_1^{(1)} = +\,14{,}347\,813 \cdot Q \\ f_2^{(1)} = +\,24{,}409\,595 \cdot Q \\ f_3^{(1)} = +\,26{,}998\,749 \cdot Q \\ f_4^{(1)} = +\,22{,}849\,514 \cdot Q \\ f_5^{(1)} = +\,13{,}289\,793 \cdot Q \end{cases} \qquad \begin{cases} \text{von links } f_3^{(1)} = +\,27{,}365\,045 \cdot Q \\ \text{von rechts } f_3^{(1)} = +\,26{,}632\,453 \cdot Q \end{cases}$$

Ferner wurden aus (145) und (146) die Knotenpunktstangenten bestimmt zu

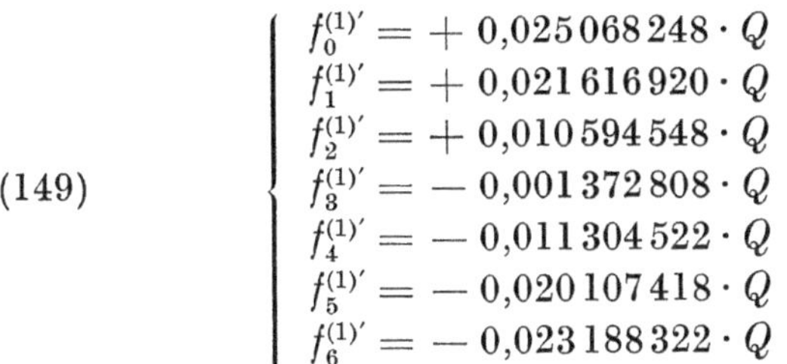

$$
(149)\quad \left\{\begin{aligned}
f_0^{(1)\prime} &= +\,0{,}025\,068\,248 \cdot Q\\
f_1^{(1)\prime} &= +\,0{,}021\,616\,920 \cdot Q\\
f_2^{(1)\prime} &= +\,0{,}010\,594\,548 \cdot Q\\
f_3^{(1)\prime} &= -\,0{,}001\,372\,808 \cdot Q\\
f_4^{(1)\prime} &= -\,0{,}011\,304\,522 \cdot Q\\
f_5^{(1)\prime} &= -\,0{,}020\,107\,418 \cdot Q\\
f_6^{(1)\prime} &= -\,0{,}023\,188\,322 \cdot Q
\end{aligned}\right.
$$

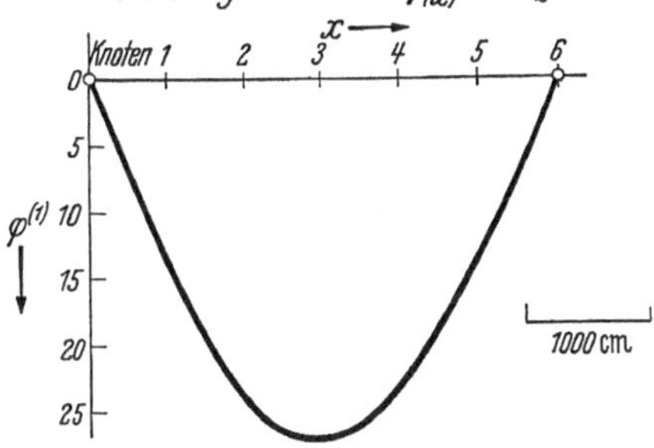

Abb. 12.

Mit (148) und (149) konnte die erste Eigenfunktion sehr genau gezeichnet werden (vgl. Abb. 12). Für die Zeichnung ist in diesem Falle wie bei allen weiteren Eigenfunktionen der willkürlich bleibende Proportionalitätsfaktor Q gleich 1 gesetzt worden.

b) Die zweite Eigenfunktion.

Die Knotenpunktsordinaten der zweiten Eigenfunktion folgen aus (147) und (133) zu

$$
(150)\quad \left\{\begin{aligned}
f_1^{(2)} &= +\,14{,}674\,342 \cdot Q\\
f_2^{(2)} &= +\,18{,}637\,686 \cdot Q\\
f_3^{(2)} &= +\,9{,}545\,4337 \cdot Q\\
f_4^{(2)} &= -\,2{,}154\,2809 \cdot Q\\
f_5^{(2)} &= -\,5{,}889\,0676 \cdot Q
\end{aligned}\right.
\qquad
\left\{\begin{aligned}
&\text{von links } f_3^{(2)} = +\,9{,}666\,5834 \cdot Q\\
&\text{von rechts } f_3^{(2)} = +\,9{,}424\,2840 \cdot Q
\end{aligned}\right.
$$

$$
(151)\quad \left\{\begin{aligned}
f_0^{(2)\prime} &= +\,0{,}027\,582\,155 \cdot Q\\
f_1^{(2)\prime} &= +\,0{,}018\,382\,380 \cdot Q\\
f_2^{(2)\prime} &= -\,0{,}007\,052\,463 \cdot Q\\
f_3^{(2)\prime} &= -\,0{,}020\,526\,765 \cdot Q\\
f_4^{(2)\prime} &= -\,0{,}015\,105\,757 \cdot Q\\
f_5^{(2)\prime} &= +\,0{,}003\,700\,216 \cdot Q\\
f_6^{(2)\prime} &= +\,0{,}013\,124\,773 \cdot Q
\end{aligned}\right.
$$

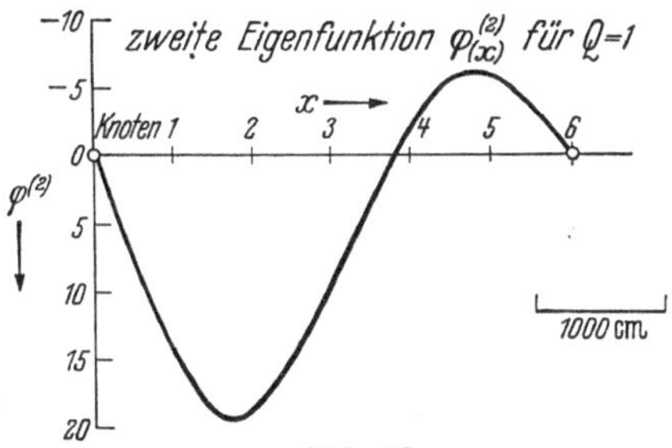

Abb. 13.

Der Maßstab der Zeichnung (vgl. Abb. 13) ist der gleiche wie in Abb. 12.

c) Die dritte Eigenfunktion.

Die Knotenpunktsordinaten und -tangenten der dritten Eigenfunktion findet man zu

$$
(152)\quad \left\{\begin{aligned}
f_1^{(3)} &= +\,6{,}732\,6220 \cdot Q\\
f_2^{(3)} &= +\,3{,}612\,0706 \cdot Q\\
f_3^{(3)} &= -\,3{,}067\,7001 \cdot Q\\
f_4^{(3)} &= -\,1{,}652\,3194 \cdot Q\\
f_5^{(3)} &= +\,2{,}454\,6963 \cdot Q
\end{aligned}\right.
\qquad
\left\{\begin{aligned}
&\text{von links } f_3^{(3)} = -\,3{,}067\,8616 \cdot Q\\
&\text{von rechts } f_3^{(3)} = -\,3{,}067\,5386 \cdot Q
\end{aligned}\right.
$$

$$
(153)\quad \left\{\begin{aligned}
f_0^{(3)\prime} &= +\,0{,}014\,837\,679 \cdot Q\\
f_1^{(3)\prime} &= +\,0{,}004\,459\,638 \cdot Q\\
f_2^{(3)\prime} &= -\,0{,}013\,229\,188 \cdot Q\\
f_3^{(3)\prime} &= -\,0{,}004\,578\,750 \cdot Q\\
f_4^{(3)\prime} &= +\,0{,}008\,031\,759 \cdot Q\\
f_5^{(3)\prime} &= +\,0{,}001\,779\,355 \cdot Q\\
f_6^{(3)\prime} &= -\,0{,}007\,661\,929 \cdot Q
\end{aligned}\right.
$$

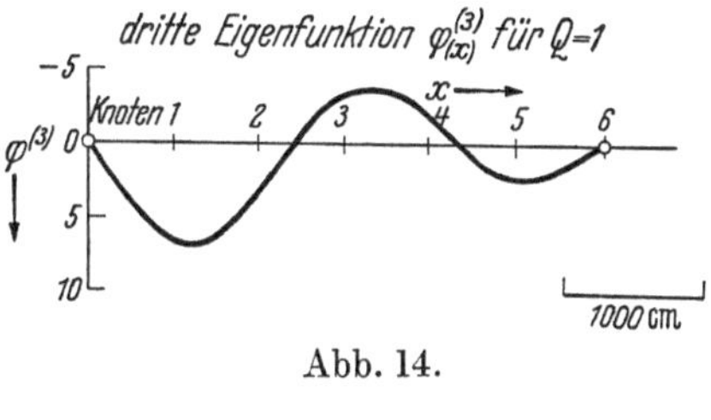

Abb. 14.

Der Maßstab der Zeichnung (Abb. 14) ist derselbe wie in Abb. 12 und 13.

d) Die vierte Eigenfunktion.

Für die vierte Eigenfunktion ergibt sich

$$(154)\quad \left\{\begin{aligned} f_1^{(4)} &= +\,5{,}8561201 \cdot Q \\ f_2^{(4)} &= -\,0{,}0700210 \cdot Q \\ f_3^{(4)} &= -\,0{,}9698385 \cdot Q \\ f_4^{(4)} &= +\,3{,}3026524 \cdot Q \\ f_5^{(4)} &= -\,1{,}0279377 \cdot Q \end{aligned}\right. \quad \left\{\begin{aligned} &\text{von links } f_3^{(4)} = -\,0{,}9699853 \cdot Q \\ &\text{von rechts } f_3^{(4)} = -\,0{,}9696917 \cdot Q \end{aligned}\right.$$

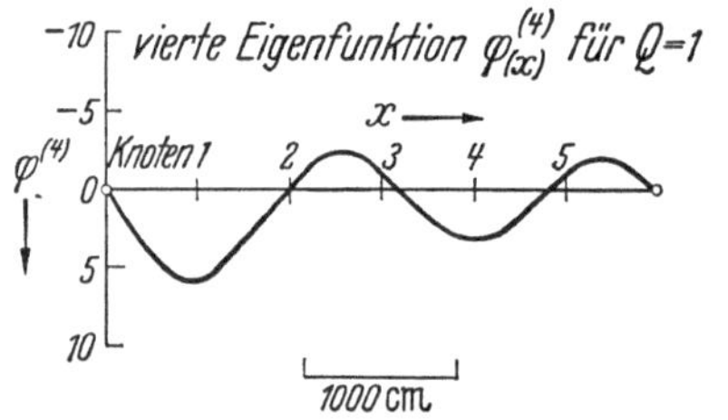

$$(154\,\text{a})\quad \left\{\begin{aligned} f_0^{(4)\prime} &= +\,0{,}01584 \cdot Q \\ f_1^{(4)\prime} &= -\,0{,}00097 \cdot Q \\ f_2^{(4)\prime} &= -\,0{,}01128 \cdot Q \\ f_3^{(4)\prime} &= +\,0{,}00906 \cdot Q \\ f_4^{(4)\prime} &= -\,0{,}00050 \cdot Q \\ f_5^{(4)\prime} &= -\,0{,}00717 \cdot Q \\ f_6^{(4)\prime} &= +\,0{,}00827 \cdot Q \end{aligned}\right.$$

Abb. 15.

Abb. 15, die den gleichen Maßstab wie die Abb. 12 bis 14 hat, stellt die vierte Eigenfunktion im Bilde dar.

e) Die fünfte Eigenfunktion.

$$(155)\quad \left\{\begin{aligned} f_1^{(5)} &= +\,3{,}7910469 \cdot Q \\ f_2^{(5)} &= -\,1{,}3690493 \cdot Q \\ f_3^{(5)} &= +\,1{,}6283616 \cdot Q \\ f_4^{(5)} &= -\,0{,}14035861 \cdot Q \\ f_5^{(5)} &= +\,0{,}10317669 \cdot Q \end{aligned}\right. \quad \left\{\begin{aligned} &\text{von links } f_3^{(5)} = +\,1{,}6283447 \cdot Q \\ &\text{von rechts } f_3^{(5)} = +\,1{,}6283785 \cdot Q \end{aligned}\right.$$

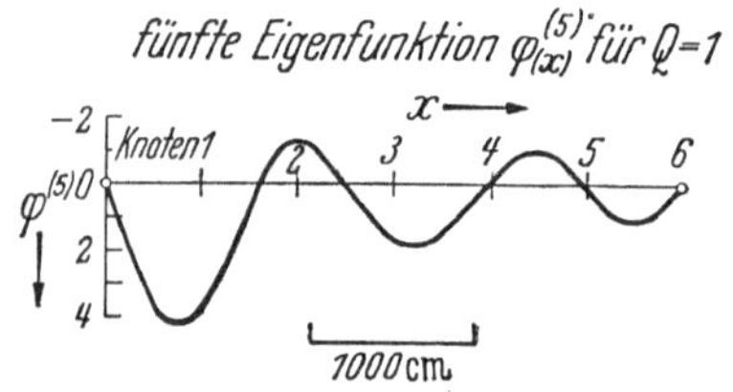

$$(155\,\text{a})\quad \left\{\begin{aligned} f_0^{(5)\prime} &= +\,0{,}01377 \cdot Q \\ f_1^{(5)\prime} &= -\,0{,}00586 \cdot Q \\ f_2^{(5)\prime} &= -\,0{,}00052 \cdot Q \\ f_3^{(5)\prime} &= +\,0{,}00336 \cdot Q \\ f_4^{(5)\prime} &= -\,0{,}00602 \cdot Q \\ f_5^{(5)\prime} &= +\,0{,}00584 \cdot Q \\ f_6^{(5)\prime} &= -\,0{,}00614 \cdot Q \end{aligned}\right.$$

Abb. 16.

Abb. 16 gibt ein Bild von dem Verlauf der fünften Eigenfunktion. Der Maßstab der Ordinaten ist doppelt so groß wie bei Abb. 12 bis 15.

f) Die sechste Eigenfunktion.

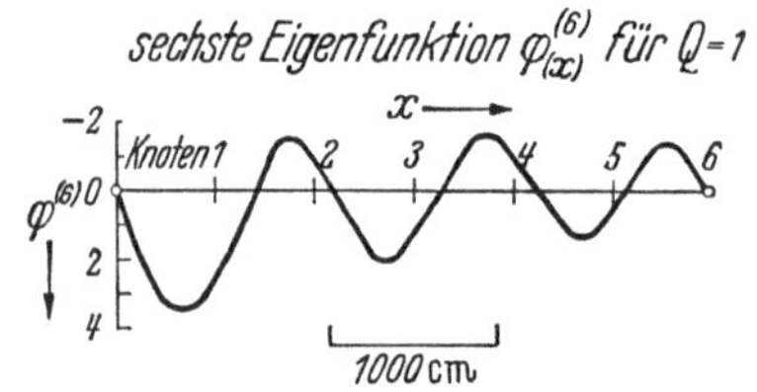

$$(156)\quad \left\{\begin{aligned} f_1^{(6)} &= +\,2{,}5314650 \cdot Q \\ f_2^{(6)} &= -\,0{,}926314475 \cdot Q \\ f_3^{(6)} &= +\,1{,}2698139 \cdot Q \\ f_4^{(6)} &= -\,1{,}0392043 \cdot Q \\ f_5^{(6)} &= +\,0{,}61484857 \cdot Q \end{aligned}\right. \quad \left\{\begin{aligned} &\text{von links } f_3^{(6)} = +\,1{,}26981256 \cdot Q \\ &\text{von rechts } f_3^{(6)} = +\,1{,}26981526 \cdot Q \end{aligned}\right.$$

$$(156\,\text{a})\quad \left\{\begin{aligned} f_0^{(6)\prime} &= +\,0{,}01267 \cdot Q \\ f_1^{(6)\prime} &= -\,0{,}00862 \cdot Q \\ f_2^{(6)\prime} &= +\,0{,}00711 \cdot Q \\ f_3^{(6)\prime} &= -\,0{,}00712 \cdot Q \\ f_4^{(6)\prime} &= +\,0{,}00555 \cdot Q \\ f_5^{(6)\prime} &= -\,0{,}00666 \cdot Q \\ f_6^{(6)\prime} &= +\,0{,}00720 \cdot Q \end{aligned}\right.$$

Abb. 17.

Abb. 17 zeigt das Bild der sechsten Eigenfunktion, wie es sich aus den Knotenpunktsordinaten (156) und den Knotenpunktstangenten (156a) ergibt. Der Maßstab der Ordinaten ist der gleiche wie in Abb. 16, also doppelt so groß wie der in den Abb. 12 bis 15.

g) Die siebente Eigenfunktion.

$$(157)\quad \left\{\begin{aligned} f_1^{(7)} &= +\,2{,}4610103 \cdot Q \\ f_2^{(7)} &= +\,1{,}8170122 \cdot Q \\ f_3^{(7)} &= -\,1{,}6476596 \cdot Q \quad \left\{\begin{aligned} &\text{von links } f_3^{(7)} = -\,1{,}6476061 \cdot Q \\ &\text{von rechts } f_3^{(7)} = -\,1{,}6477131 \cdot Q \end{aligned}\right. \\ f_4^{(7)} &= +\,3{,}5297002 \cdot Q \\ f_5^{(7)} &= -\,2{,}0322787 \cdot Q \end{aligned}\right.$$

$$(157\text{a})\quad \left\{\begin{aligned} f_0^{(7)\prime} &= +\,0{,}02634 \cdot Q \\ f_1^{(7)\prime} &= -\,0{,}02441 \cdot Q \\ f_2^{(7)\prime} &= +\,0{,}02474 \cdot Q \\ f_3^{(7)\prime} &= -\,0{,}01900 \cdot Q \\ f_4^{(7)\prime} &= +\,0{,}01208 \cdot Q \\ f_5^{(7)\prime} &= +\,0{,}00501 \cdot Q \\ f_6^{(7)\prime} &= -\,0{,}01611 \cdot Q \end{aligned}\right.$$

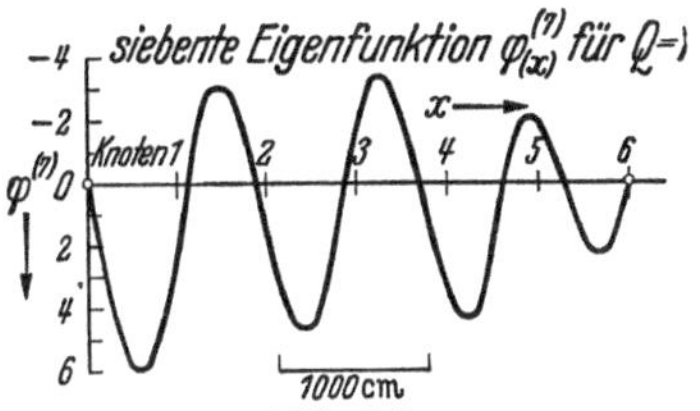

Abb. 18.

Das Bild der siebenten Eigenfunktion (Abb. 18) ist im gleichen Ordinatenmaßstab gezeichnet wie die Bilder der fünften, sechsten und achten Eigenfunktion (Abb. 16, 17, 19). Es ist auffallend, daß bei der siebenten Eigenfunktion die Maximalordinaten, die sonst mit wachsender Ordnung der Eigenfunktionen ziemlich regelmäßig abnehmen, außergewöhnlich groß sind. Ähnliche Erscheinungen werden wir auch bei anderen zum siebenten Eigenwert gehörigen Größen finden (vgl. § 10 b und c, α_{77} und $\bar{N}_7$).

h) Die achte Eigenfunktion.

$$(158)\quad \left\{\begin{aligned} f_1^{(8)} &= -\,0{,}021743125 \cdot Q \\ f_2^{(8)} &= +\,1{,}1907475 \quad \cdot Q \\ f_3^{(8)} &= -\,1{,}0605736 \quad \cdot Q \quad \left\{\begin{aligned} &\text{von links } f_3^{(8)} = -\,1{,}060569660 \cdot Q \\ &\text{von rechts } f_3^{(8)} = -\,1{,}060577582 \cdot Q \end{aligned}\right. \\ f_4^{(8)} &= -\,0{,}079215588 \cdot Q \\ f_5^{(8)} &= +\,0{,}65851204 \quad \cdot Q \end{aligned}\right.$$

$$(158\text{a})\quad \left\{\begin{aligned} f_0^{(8)\prime} &= +\,0{,}01136 \cdot Q \\ f_1^{(8)\prime} &= -\,0{,}01214 \cdot Q \\ f_2^{(8)\prime} &= +\,0{,}00579 \cdot Q \\ f_3^{(8)\prime} &= +\,0{,}00334 \cdot Q \\ f_4^{(8)\prime} &= -\,0{,}00711 \cdot Q \\ f_5^{(8)\prime} &= +\,0{,}00157 \cdot Q \\ f_6^{(8)\prime} &= +\,0{,}00540 \cdot Q \end{aligned}\right.$$

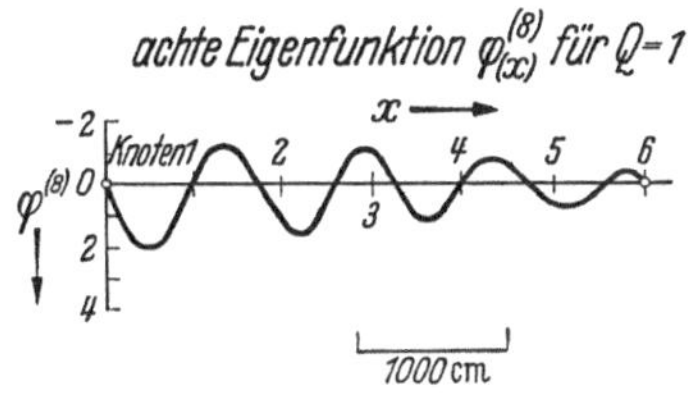

Abb. 19.

Damit finden wir für die achte Eigenfunktion das in Abb. 19 dargestellte Bild. Der Maßstab der Ordinaten in dieser Abbildung ist der gleiche wie in Abb. 16 bis 18, also doppelt so groß wie der in den Abb. 12 bis 15.

* * *

Vergleicht man die beiden Werte, die sich jeweils für $f_3^{(i)}$ ergeben, wenn man einmal vom linken, das andere Mal vom rechten Ende des Stabes her rechnet, vergleicht man sie insbesondere bei den beiden ersten Eigenwerten, dann erkennt man, daß bei der Bestimmung der Nullstellen von $\Delta\,(\lambda)$ eine außergewöhnliche Genauigkeit nötig war, wenn man die Ergebnisse der Rechnung auch nur auf drei bis vier Stellen genau haben wollte.

i) Eine Methode zur Identifizierung der Eigenwerte.

Wir konnten nach einem der Sturm-Liouvilleschen Sätze und den Vorzeichen der Residuen der Pole schon vor dem Beginn der eigentlichen Rechnung mit Sicherheit die Ordnung jedes Eigenwertes angeben, den wir in einem bestimmten Intervall finden würden. Wir konnten insbesondere mit Sicherheit sagen, daß sich links vom sechsten Pol acht und nicht mehr als acht Nullstellen von $\Delta(\lambda)$ befinden, daß also unterhalb der Schranke 19,09 ... genau acht Eigenwerte des Hilfsproblems liegen. Wir wissen daher mit Sicherheit, daß wir wirklich alle Eigenwerte in dem untersuchten Intervall gefunden haben.

In anderen Fällen wird unter Umständen das hier angewandte Verfahren zur Identifizierung der Eigenwerte nicht zum Ziel führen. Dann kann man einen anderen Weg einschlagen, der nicht so elegant ist und erhebliche Rechenarbeit erfordert, dafür aber immer anwendbar ist.

Angenommen z. B., wir wüßten nicht mit Sicherheit, ob die letzte von uns berechnete Nullstelle von $\Delta(\lambda)$ wirklich die achte ist, ob wir nicht vielleicht eine oder ein Paar von Nullstellen übersehen haben. Dann brauchten wir nur für den letzten berechneten Eigenwert 17,912 . . . sämtliche Wurzeln der Gleichung $\varphi'=0$ zu suchen. Diese Gleichung hat nach (144) die Form

$$A_\nu \cdot \cos\gamma_\nu x_\nu + B_\nu \cdot \sin\gamma_\nu x_\nu + C_\nu = 0 .$$

Dabei sind A_ν, B_ν, C_ν, γ_ν innerhalb jedes Feldes Konstante. Diese Größen müßte man nach (144) für jedes Feld zahlenmäßig bestimmen und für jedes Feld alle Wurzeln der letzten Gleichung im Intervall $0 \leq \frac{x_\nu}{l} \leq 1$ bestimmen. Das macht grundsätzlich keine Schwierigkeiten. Hat man sämtliche Wurzeln von $\varphi' = 0$, so hat man damit sämtliche Extrema der untersuchten Eigenfunktion φ. Aus (143) müßte man dann zu jedem Extremum das Vorzeichen der Ordinate bestimmen. (Auf den genauen Wert der Ordinate kommt es nicht an.) Zwischen jedem Maximum mit positiver Ordinate und dem nach links wie dem nach rechts benachbarten Minimum mit negativer Ordinate muß dann je genau eine Nullstelle von φ liegen. Daß man auf diese Weise wirklich alle Nullstellen von φ erhält, folgt aus dem Rolleschen Satz, nach dem zwischen zwei Nullstellen einer stetigen und differenzierbaren Funktion ihre Ableitung mindestens einmal verschwinden muß. Und wir hatten vorausgesetzt, daß wir alle Nullstellen von φ' ermittelt haben. Hat man auf diese Weise festgestellt, daß φ genau k innere Nullstellen besitzt, so folgt aus einem der Sturm-Liouvilleschen Sätze, daß die Ordnung der Eigenfunktion φ die $(k+1)$-te ist. Mit anderen Worten heißt dies, daß der zu φ gehörige Eigenwert λ genau die $(k+1)$-te Wurzel der Gleichung $\Delta(\lambda) = 0$ ist. Haben wir außer dieser Wurzel noch k kleinere positive Wurzeln von $\Delta(\lambda) = 0$ gefunden, so sind wir sicher, daß wir keine Wurzel verloren haben. Haben wir jedoch weniger als k kleinere positive Wurzeln gefunden, so sind entsprechend viele Wurzeln übersehen worden. Man kann dann durch Wiederholung dieses Verfahrens mit den übrigen berechneten Eigenwerten feststellen, in welchem Intervall die übersehenen Eigenwerte zu suchen sind.

§ 10. Die Lösung des Hauptproblems.

Nachdem nunmehr das Hilfsproblem vollständig gelöst ist, können wir das Hauptproblem verhältnismäßig einfach lösen. An dieser Stelle des Rechnungsganges erst beginnen die Zahlenbeispiele von F. und H. Bleich (vgl. „B“ S. 29/31)

Wir machen für y den Ansatz (13), der hier noch einmal wiederholt sei:

$$y(x) = a_1 \cdot \varphi^{(1)}(x) + a_2 \cdot \varphi^{(2)}(x) + a_3 \cdot \varphi^{(3)}(x) + \dots \tag{159}$$

Dabei wollten wir uns näherungsweise mit einem höchstens dreigliedrigen Ansatz für y begnügen. Das führte uns auf die Determinante (26) (oder genauer: auf endliche Teilstücke von ihr), zu deren Berechnung wir die Größen N_i (17) und α_{ij} (18) brauchen. Diese Gleichungen lauteten für den Fall stetiger Veränderlichkeit von $S(x)$

$$\alpha_{ij} = \sum_{\nu=0}^{n} A_\nu \cdot f_\nu^{(i)} f_\nu^{(j)} \qquad (\alpha_{ji} = \alpha_{ij}), \tag{160}$$

$$N_i = (\lambda^{(i)} - 1) \cdot \int_0^L S(x) \left(\frac{d\varphi^{(i)}}{dx}\right)^2 dx = (\lambda^{(i)} - 1) \cdot \overline{N}_i . \tag{161}$$

(160) bleibt ungeändert, wenn S feldweise konstant ist und sich von Feld zu Feld sprungweise ändert. In (161) müssen wir in diesem Fall das Integral über den ganzen Stab in eine Summe von Integralen über die einzelnen Felder zerlegen:

$$\overline{N}_i = \int_0^L S(x) \left(\frac{d\varphi^{(i)}}{dx}\right)^2 dx = \sum_{\nu=1}^{n} S_\nu \cdot \int_0^{l_\nu} \left(\frac{d\varphi_\nu^{(i)}}{dx_\nu}\right)^2 dx_\nu . \tag{162}$$

Alle Größen, die in (160), (161), (162) auftreten, sind uns nach der Lösung des Hilfsproblems bekannt. Bevor wir jedoch mit der Berechnung der Größen N_i und α_{ij} beginnen, ist noch eine Frage zu klären.

a) Die Transformation der Eigenwerte bei proportionaler Veränderung der Stabkräfte.

Alle unsere Berechnungen sind für die gegebenen, im Stabe maximal tatsächlich auftretenden Stabkräfte S_ν durchgeführt. Führen wir die Rechnung so zu Ende, so erfahren wir, wie groß die Stützensicherheit bei den maximal auftretenden Stabkräften ist. Eine ganz andere Frage ist jedoch, um das wievielfache die maximalen Stabkräfte überschritten werden dürfen, ohne daß der Stab bei gegebenen Stützenwiderständen ausknickt.

Will man sicher sein, daß die Stabkräfte gefahrlos noch den k-fachen Betrag der maximal erwarteten Größe $S(x)$ annehmen können, so muß man statt S die Stabkraft $k \cdot S$ in die Rechnung einführen. Ergibt sich auch dann noch die Stützensicherheit (eben die am Ende des § 3 eingeführte Größe $\bar{\beta}$) größer als 1, so ist der Stab auch bei k-facher Belastung noch knicksicher. Mathematisch ergibt sich daraus die Frage: Wie ändern sich alle von uns berechneten Größen, insbesondere die Eigenwerte $\lambda^{(i)}$ und Eigenfunktionen $\varphi^{(i)}$ des Hilfsproblems, wenn wir alle Stabkräfte S_ν gleichzeitig mit k multiplizieren?

Für die Eigenwerte und Eigenfunktionen können wir die Frage unmittelbar aus der Differentialgleichung $EI\varphi'' + \lambda S \varphi = 0$ beantworten, wenn wir sie in der Form $EI\varphi'' + (\lambda/k) \cdot (kS)\varphi = 0$ schreiben. Bezeichnen wir alle Größen des transformierten Problems mit einem Stern, so folgt aus dem Vergleich der beiden miteinander identischen Differentialgleichungen, da alle Randbedingungen homogen sind, unmittelbar: Ist

$$S_\nu^* = k \cdot S_\nu ,$$

so ist

$$\lambda^{(i)*} = \frac{1}{k} \cdot \lambda^{(i)} ,$$

$$\varphi_\nu^{(i)*}(x) \equiv \varphi_\nu^{(i)}(x) .$$

Wir wollen jedoch weiter feststellen, wie sich die Transformation auf die einzelnen Größen unserer Rechnung auswirkt. Wir führen daher $S_\nu^* = k \cdot S_\nu$, $\lambda^{(i)*} = \frac{1}{k} \cdot \lambda^{(i)}$ und die daraus folgende Beziehung

$$\lambda^{(i)*} S_\nu^* = \lambda^{(i)} S_\nu$$

in die Gleichungen des Paragraphen 4 ein. Aus (32), (33), (34) folgt sodann sukzessive

$$z_\nu^* = z_\nu ; \quad \vartheta_\nu^* = \vartheta_\nu ; \quad \varrho_\nu^* = \varrho_\nu ; \quad \varrho_{\nu,\nu+1}^* = \varrho_{\nu,\nu+1} .$$

Dagegen ergibt sich aus (31) und (38)

$$\sigma_\nu^* = \frac{1}{k} \cdot \sigma_\nu ; \quad \sigma_{\nu,\nu+1}^* = \frac{1}{k} \cdot \sigma_{\nu,\nu+1} ; \quad \Sigma^* = \frac{1}{k} \cdot \Sigma .$$

Weiter folgt

$$\frac{\sigma_{\nu,\nu+1}^*}{\lambda^{(i)*}} = \frac{\sigma_{\nu,\nu+1}}{\lambda^{(i)}} .$$

Das bedeutet, daß sich die Gleichungen (I) bis (V) überhaupt nicht ändern. In Gleichung (VI) erhält jeder Summand den Faktor $1/k$, der sicher nicht verschwindet, also herausgehoben werden kann. Das ganze Gleichungssystem (I) bis (VI) bleibt demnach bei dieser Transformation ungeändert. Daher ändern sich auch die durch dieses Gleichungssystem bestimmten Momente M_ν nicht:

$$M_\nu^{(i)*} = M_\nu^{(i)}.$$

Aus (36) folgt sodann, da Q nur die Rolle eines willkürlich bleibenden Proportionalitätsfaktors spielt, l von der Transformation gar nicht berührt wird, die $M_\nu^{(i)}$ und das Produkt $\lambda^{(i)} \cdot S_\nu$ dabei ihren Wert nicht ändern, daß auch die Durchbiegungen der Knotenpunkte ungeändert bleiben:

$$f_\nu^{(i)*} = f_\nu^{(i)}.$$

Aus (160) folgt weiter, daß die α_{ij} ihren Wert nicht ändern:

$$\alpha_{ij}^* = \alpha_{ij}.$$

Bleiben die Eigenfunktionen, wie wir sahen, ungeändert, so gilt das gleiche für ihre Differentialquotienten. Also folgt aus (161)

$$N_i^* = (\lambda^{(i)*} - 1) \cdot \overline{N}_i^* = \left(\frac{1}{k} \cdot \lambda^{(i)} - 1\right) \cdot \sum_{\nu=1}^{n} (k \cdot S_\nu) \cdot \int_0^{l_\nu} \left(\frac{d\varphi_\nu^{(i)*}}{d x_\nu}\right)^2 d x_\nu = (\lambda^{(i)} - k) \cdot \sum_{\nu=1}^{n} S_\nu \cdot \int_0^{l_\nu} \left(\frac{d\varphi_\nu^{(i)}}{d x_\nu}\right)^2 d x_\nu$$

$$N_i^* = (\lambda^{(i)} - k) \cdot \overline{N}_i = \frac{\lambda^{(i)} - k}{\lambda^{(i)} - 1} \cdot N_i. \tag{163}$$

Man beachte, daß in dieser Gleichung $\overline{N}_i$ die nach (162) mit einfachen Stabkräften berechneten Größen sind und ebenso $\lambda^{(i)}$ die zu den einfachen Stabkräften sich ergebenden Eigenwerte, so daß die Abhängigkeit von k sich einzig in dem in (163) explizit auftretenden k ausdrückt.

Zusammenfassend können wir sagen: Wollen wir mit k-facher Stabkraft rechnen statt mit einfacher, so können wir alle für einfache Stabkraft berechneten Größen benutzen. Von denjenigen Größen, die wir für unsere weitere Rechnung brauchen, bleiben die $M_\nu^{(i)}$, $f_\nu^{(i)}, \varphi_\nu^{(i)}(x_\nu)$, α_{ij} ungeändert. Einzig die Größen N_i ändern sich, aber auch sie transformieren sich in der einfachsten Weise.

Wir werden die Rechnung zunächst parallel für zwei Fälle durchführen, einmal mit einfacher Stabkraft und zweitens mit doppelter, also mit $k = 2$. Der zweite Fall entspricht zweifacher Knicksicherheit. Die Werte α_{ij} brauchen wir dabei nur einmal zu berechnen; sie gelten dann in beiden Fällen. Für die Größen N_i haben wir

$$N_i = (\lambda^{(i)} - 1) \cdot \overline{N}_i, \qquad N_i' = (\lambda^{(i)} - 2) \cdot \overline{N}_i. \tag{164}$$

b) Die Werte α_{ij}.

Wir werden im folgenden, wie bereits mehrfach erwähnt, ein einfaches Kriterium ableiten, nach dem man die in Betracht zu ziehenden Kombinationen von Eigenfunktionen[1] und damit die Zahl der zu berechnenden Werte α_{ij} von vornherein stark beschränken kann. In diesem Fall aber sollte das Bleichsche Verfahren von allen Seiten untersucht und dargestellt werden. Zu den späteren Darstellungen brauchen wir alle in den betrachteten Bereich fallenden Kombinationen je dreier benachbarter Eigenfunktionen, und deshalb wurden auch sämtliche in Frage kommenden Werte α_{ij} berechnet. Obgleich, wie in § 3 begründet wurde, in unserem Fall die von F. und H. Bleich empfohlenen Kombinationen rein symmetrischen und rein antimetrischen Charakters unverwendbar sind, sollen auch sie zum Vergleich mitgerechnet werden. Das wären also die Kombinationen 1, 3, 5; 2, 4, 6; 3, 5, 7; 4, 6, 8.

[1] Wir schreiben im folgenden kurz „Kombination p, q, r" für den Ansatz

$$y = a_p \cdot \varphi^{(p)}(x) + a_q \cdot \varphi^{(q)}(x) + a_r \cdot \varphi^{(r)}(x).$$

Die Berechnung der α_{ij} erfolgt nach (160), wobei die Stützenwiderstände A_ν der Tabelle A (§ 1) zu entnehmen sind. Die Ergebnisse sind im folgenden zusammengestellt.

$$
\text{(I)}\quad\left\{
\begin{array}{ll}
\alpha_{11} = +\,20808{,}6507 & \\
\alpha_{12} = +\,8184{,}3822 & \alpha_{22} = +\,8144{,}9877 \\
\alpha_{13} = +\,2086{,}2719 & \alpha_{23} = +\,1738{,}06033 \\
 & \alpha_{24} = +\,1278{,}99471 \\
\alpha_{15} = +\,815{,}19443 & \\
 & \alpha_{26} = +\,426{,}02218 \\
\alpha_{33} = +\,1010{,}21795 & \\
\alpha_{34} = +\,541{,}05236 & \alpha_{44} = +\,606{,}89927 \\
\alpha_{35} = +\,302{,}96554 & \alpha_{45} = +\,320{,}23698 \\
 & \alpha_{46} = +\,184{,}80896 \\
\alpha_{37} = +\,236{,}77201 & \\
 & \alpha_{48} = -\,8{,}173217 \\
\alpha_{55} = +\,256{,}92670 & \\
\alpha_{56} = +\,175{,}712792 & \alpha_{66} = +\,130{,}649911 \\
\alpha_{57} = +\,88{,}717940 & \alpha_{67} = +\,18{,}370905 \\
 & \alpha_{68} = -\,14{,}921185 \\
\alpha_{77} = +\,289{,}12823 & \\
\alpha_{78} = +\,10{,}034845 & \alpha_{88} = +\,30{,}598518.
\end{array}\right.
$$

Auffallend ist die Größe von α_{77}, die den außergewöhnlich großen Ordinaten der siebenten Eigenfunktion entspricht (vgl. § 9g).

c) Die Werte $\overline{N}_i$, N_i und N_i'.

Die Werte $\overline{N}_i$, N_i und N_i' werden aus (164) und (162) berechnet. Die Werte $\overline{N}_i$ teilen wir besonders mit, da sie den späteren Rechnungen für beliebig proportional veränderliche Stabkräfte zugrunde liegen. Die Integration in (162) kann in geschlossener Form ausgeführt werden. Quadriert man (144), integriert von 0 bis l und multipliziert mit S_ν, so erhält man

$$
(165)\quad \left\{
\begin{aligned}
S_\nu \cdot \int_0^l \left(\frac{d\varphi_\nu^{(i)}}{d x_\nu}\right)^2 d x_\nu = \frac{1}{l\,\lambda^{(i)^2} S_\nu z_\nu^{(i)}} \cdot \Big[\frac{1}{2}\, u_\nu^{(i)^2} \cdot (z_\nu^{(i)} + \sin z_\nu^{(i)} \cos z_\nu^{(i)}) + \frac{1}{2}\, v_\nu^{(i)^2} \cdot (z_\nu^{(i)} - \sin z_\nu^{(i)} \cos z_\nu^{(i)}) + \\
+ l^2 \cdot z_\nu^{(i)} + u_\nu^{(i)} v_\nu^{(i)} \cdot \sin^2 z_\nu^{(i)} - 2\, u_\nu^{(i)}\, l \cdot \sin z_\nu^{(i)} - 2\, v_\nu^{(i)}\, l \cdot (1 - \cos z_\nu^{(i)})\Big].
\end{aligned}\right.
$$

Es ergeben sich die folgenden Werte:

(K)

Für beliebiges Vielfache der Stabkräfte gilt:	Für einfache Stabkräfte ($k = 1$) folgt:	Für doppelte Stabkräfte ($k = 2$) folgt:
$\overline{N}_1 = +\,494{,}65863$	$N_1 = -\,375{,}70807$	$N_1' = -\,870{,}36670$
$\overline{N}_2 = +\,322{,}183424$	$N_2 = +\,26{,}293389$	$N_2' = -\,295{,}89003$
$\overline{N}_3 = +\,91{,}189948$	$N_3 = +\,138{,}27287$	$N_3' = +\,47{,}082920$
$\overline{N}_4 = +\,95{,}441923$	$N_4 = +\,337{,}85944$	$N_4' = +\,242{,}41752$
$\overline{N}_5 = +\,48{,}525782$	$N_5 = +\,290{,}27702$	$N_5' = +\,241{,}75124$
$\overline{N}_6 = +\,65{,}310971$	$N_6 = +\,539{,}52884$	$N_6' = +\,474{,}21787$
$\overline{N}_7 = +\,390{,}250472$	$N_7 = +\,4964{,}1985$	$N_7' = +\,4573{,}9480$
$\overline{N}_8 = +\,52{,}363121$	$N_8 = +\,885{,}61265$	$N_8' = +\,833{,}24953$

Auch hier fällt die außergewöhnliche Größe von N_7 auf (vgl. § 10b und § 9g).

Offensichtlich sind die Größen $\overline{N}_i$ [vgl. (162)] positiv definit und können nur für $\varphi \equiv \text{const}$ verschwinden. Die N_i können also nur dann negativ werden, wenn $\lambda^{(i)} - k < 0$ ist. Diese Feststellung wird uns im folgenden die Möglichkeit zu einer wesentlichen Vereinfachung der Rechnung bieten.

d) Die kleinste positive Wurzel der Gleichung $\bar{\Delta}(\beta)=0$.

Wir haben nun mit jeder Kombination, die wir zur Untersuchung heranziehen wollen, die Determinantengleichung (26) $\bar{\Delta}(\beta) = 0$ zu lösen und ihre kleinste positive Wurzel zu suchen. Diese Gleichung soll zunächst allgemein untersucht werden, und zwar für ein beliebiges Vielfache k der Stabkräfte.

Wir beginnen mit der denkbar gröbsten Näherung, die zwar praktisch meist ganz unbrauchbar sein wird, aber alle grundsätzlichen Probleme in besonders einfacher und durchsichtiger Form zeigt, indem wir die Biegelinie y durch eine einzige Eigenfunktion anzunähern suchen:

$$y = a_p \cdot \varphi^{(p)}(x). \tag{166}$$

Gleichung (26) wird in diesem Falle einfach

$$\begin{cases} \alpha_{pp} + N_p \cdot \beta = 0, \\ \beta = -\frac{\alpha_{pp}}{N_p}. \end{cases} \tag{167}$$

Offensichtlich kann sich β nur dann positiv ergeben, wenn $N_p < 0$ ist. Denn nach (160) sind die α_{ii} positiv definit, da die Stützenwiderstände A_ν wesentlich positive Größen sind:

$$\alpha_{ii} = A_0 \cdot f_0^{(i)^2} + A_1 \cdot f_1^{(i)^2} + A_2 \cdot f_2^{(i)^2} + \cdots + A_n \cdot f_n^{(i)^2}. \tag{168}$$

Die Größe $N_p = (\lambda^{(p)} - k) \cdot \bar{N}_p$ kann aber nach dem unter c) Bemerkten nur dann negativ werden, wenn $\lambda^{(p)} < k$ ist. Da die $\lambda^{(i)}$ als Eigenwerte eines Randwertproblems vom Sturm-Liouvilleschen Typus mit wachsender Ordnungszahl i über alle positiven Schranken wachsen, brauchen also nur endlich viele Ansätze der Form (166) untersucht zu werden. Es brauchen daher von vornherein nur diejenigen Eigenwerte berechnet zu werden, die kleiner als die geforderte Knicksicherheit k sind:

$$\lambda^{(p)} < k. \tag{169}$$

Würde man bei unserem Problem zweifache Knicksicherheit fordern, so wären (vgl. Tabelle H) nur die beiden ersten Eigenwerte zu berechnen, da schon der dritte größer als 2 ist. Würde nur einfache Knicksicherheit gefordert, so brauchte sogar nur der erste Eigenwert berechnet zu werden, da schon der zweite größer als 1 ist.

Der kleinste Eigenwert $\lambda^{(1)}$ des Hilfsproblems bestimmt die Knicklast des Hilfsstabes, also des Stabes nach Entfernung aller elastischen Zwischenstützen. Ist die geforderte Knicksicherheit kleiner als der erste Eigenwert, so würde demnach der Hauptstab selbst beim Fehlen der Zwischenstützen nicht ausknicken. Beim Vorhandensein der Stützen ist er dann also a fortiori knicksicher. Gleichung (167) ergibt in diesem Fall für keinen Wert von p ein positives β. Das heißt: Aus der Bleichschen Fragestellung können wir dann unmittelbar keine Antwort mehr auf die Frage nach der Stützensicherheit erhalten. Das ist nicht verwunderlich, da ja diese Fragestellung lautet: Mit welchem Proportionalitätsfaktor $1/\beta$ müssen die Stützenwiderstände multipliziert werden, um das System an die Knickgrenze zu bringen. Ist aber die geforderte Sicherheit kleiner als der kleinste Eigenwert des Hilfsproblems, ist also der Stab selbst nach Entfernung aller elastischen Stützen knicksicher, so gibt es eben keinen positiven Faktor $1/\beta$, der das leisten könnte.

Nach (167) und (168) kann β auch im allgemeinen nicht verschwinden. Änderungen der Stützenwiderstände A_ν ändern nach (168) zwar den Wert von α_{pp} und damit nach (167) auch den Wert von β, können aber das Vorzeichen von α_{pp} und damit das Vorzeichen von β nicht ändern. Sie können also niemals eine evtl. vorhandene sehr kleine negative Wurzel β durch Null zu positiven Werten führen. Darin drückt sich aus, daß durch geringfügige Änderungen der Stützenwiderstände ein stabiles System nicht instabil werden kann, wenn es sich nicht von vornherein unmittelbar an der Stabilitätsgrenze befand. Durch eine Änderung von k, d. h. von N_p kann β zwar von positiven zu negativen Werten geführt werden, aber, wie aus (167) folgt, niemals über Null sondern nur über Unendlich. Darin drückt sich die Tatsache aus, daß auch durch geringfügige Änderungen der Stabkräfte ein stabiles System niemals instabil werden kann, wenn es sich nicht von vornherein unmittelbar an der Stabilitätsgrenze befand.

β kann nach (167) nur dann verschwinden, wenn α_{pp} verschwindet. Und das ist nach (168) nur dann möglich, wenn alle $f_\nu^{(p)}$ gleichzeitig verschwinden, d. h. wenn es Eigenfunktionen des Hilfsproblems gibt, die in jedem Knotenpunkt eine Nullstelle haben. Im allgemeinen wird das nicht der Fall sein. Bei sehr weitgehender Symmetrie des Systems kann dieser Fall jedoch eintreten. Wir werden weiter unten näher darauf eingehen (vgl. § 11, d).

Sodann stellen wir die Biegelinie näherungsweise durch die Überlagerung zweier Eigenfunktionen des Hilfsproblems dar:

$$y = a_p \cdot \varphi^{(p)}(x) + a_q \cdot \varphi^{(q)}(x). \tag{170}$$

Dabei bedeuten p und q $(q > p)$ zwei natürliche Zahlen, die nicht notwendig aufeinander zu folgen brauchen. Gleichung (26) wird dann

$$\bar{\Delta}(\beta) \equiv \begin{vmatrix} (\alpha_{pp} + N_p \cdot \beta) & \alpha_{pq} \\ \alpha_{qp} & (\alpha_{qq} + N_q \cdot \beta) \end{vmatrix} = 0. \tag{171}$$

Daraus ergibt sich

$$N_p N_q \cdot \beta^2 + (N_p \cdot \alpha_{qq} + N_q \cdot \alpha_{pp}) \cdot \beta + (\alpha_{pp}\alpha_{qq} - \alpha_{pq}^2) = 0, \tag{172}$$

$$\beta_{\frac{1}{2}} = -\frac{1}{2} \cdot \left(\frac{\alpha_{pp}}{N_p} + \frac{\alpha_{qq}}{N_q}\right) \pm \frac{1}{2} \cdot \sqrt{\left(\frac{\alpha_{pp}}{N_p} + \frac{\alpha_{qq}}{N_q}\right)^2 - 4 \cdot \frac{\alpha_{pp}\alpha_{qq} - \alpha_{pq}^2}{N_p N_q}}. \tag{173}$$

Wir behaupten zunächst, daß der Ausdruck $\alpha_{pp}\alpha_{qq} - \alpha_{pq}^2$ positiv definit ist, wie auch die Indizes p und q gewählt sein mögen. Um dies nachzuweisen, setzen wir für die α nach (160) ihre Ausdrücke in den f_ν ein und ordnen nach den auftretenden Produkten $A_\mu \cdot A_\nu$. Es zeigt sich, daß die Beiwerte der A_ν^2 identisch verschwinden, und man erhält endlich

$$\begin{aligned} \alpha_{pp}\alpha_{qq} - \alpha_{pq}^2 = {} & A_0 \cdot A_1 \cdot \begin{vmatrix} f_0^{(p)} f_1^{(p)} \\ f_0^{(q)} f_1^{(q)} \end{vmatrix}^2 + A_0 \cdot A_2 \cdot \begin{vmatrix} f_0^{(p)} f_2^{(p)} \\ f_0^{(q)} f_2^{(q)} \end{vmatrix}^2 + A_0 \cdot A_3 \cdot \begin{vmatrix} f_0^{(p)} f_3^{(p)} \\ f_0^{(q)} f_3^{(q)} \end{vmatrix}^2 + \cdots + A_0 \cdot A_n \cdot \begin{vmatrix} f_0^{(p)} f_n^{(p)} \\ f_0^{(q)} f_n^{(q)} \end{vmatrix}^2 \\ & + A_1 \cdot A_2 \cdot \begin{vmatrix} f_1^{(p)} f_2^{(p)} \\ f_1^{(q)} f_2^{(q)} \end{vmatrix}^2 + A_1 \cdot A_3 \cdot \begin{vmatrix} f_1^{(p)} f_3^{(p)} \\ f_1^{(q)} f_3^{(q)} \end{vmatrix}^2 + \cdots + A_1 \cdot A_n \cdot \begin{vmatrix} f_1^{(p)} f_n^{(p)} \\ f_1^{(q)} f_n^{(q)} \end{vmatrix}^2 \\ & + \cdots \qquad + \cdots + \cdots \\ & + A_{n-1} \cdot A_n \cdot \begin{vmatrix} f_{n-1}^{(p)} f_n^{(p)} \\ f_{n-1}^{(q)} f_n^{(q)} \end{vmatrix}^2 \end{aligned} \tag{174}$$

Da die A_ν wesentlich positive Größen sind, folgt aus (174) die Behauptung. Wie bei eingliedrigem Ansatz ergibt sich damit aus (172), daß keine positive Wurzel dieser Gleichung durch proportionale Änderung der Stützenwiderstände in negative Werte übergeführt werden kann, und daß der Vorzeichenwechsel einer solchen Wurzel, der durch Änderung des Stabkraftvielfachen k herbeigeführt werden kann, niemals über Null, sondern stets über Unendlich erfolgt.

Da nach (174) $\alpha_{pp}\alpha_{qq} - \alpha_{pq}^2$ und nach (168) α_{pp} und α_{qq} positiv definit sind, folgt nach (173) für die Vorzeichen der beiden Wurzeln β_1 und β_2:

$$\left\{ \begin{array}{lllll} k < \lambda^{(p)}; & N_p > 0, & N_q > 0; & \beta_1 < 0, & \beta_2 < 0 \\ k = \lambda^{(p)}; & N_p = 0, & N_q > 0; & \beta_1 = \mp\infty, & \beta_2 < 0 \\ \lambda^{(p)} < k < \lambda^{(q)}; & N_p < 0, & N_q > 0; & \beta_1 > 0, & \beta_2 < 0 \\ k = \lambda^{(q)}; & N_p < 0, & N_q = 0; & \beta_1 > 0, & \beta_2 = \mp\infty \\ \lambda^{(q)} < k \quad ; & N_p < 0, & N_q < 0; & \beta_1 > 0, & \beta_2 > 0 \end{array} \right. \tag{175}$$

Man braucht daher von vornherein die Eigenwerte des Hilfsproblems nur bis zum ersten Eigenwert zu berechnen, der größer als die verlangte Knicksicherheit k ist, wenn man Kombinationen je zweier benachbarter Eigenfunktionen betrachtet, bzw. bis zum zweiten Eigenwert, der größer als k ist, wenn man mit rein symmetrischen und rein antimetrischen Kombinationen rechnen will.

Im Falle unseres Beispiels brauchte man also bei doppelten Stabkräften nur die drei ersten Eigenwerte zu berechnen.

Nach (174) kann $\alpha_{pp}\alpha_{qq}-\alpha_{pq}^2$ nur dann verschwinden, wenn sämtliche zweireihigen Unterdeterminanten der Matrix

$$\begin{vmatrix} f_0^{(p)} f_1^{(p)} f_2^{(p)} \dots f_{n-1}^{(p)} f_n^{(p)} \\ f_0^{(q)} f_1^{(q)} f_2^{(q)} \dots f_{n-1}^{(q)} f_n^{(q)} \end{vmatrix}$$

gleichzeitig verschwinden, d. h. wenn es mindestens eine Eigenfunktion $\varphi^{(p)}(x)$ des Hilfsproblems gibt, die an allen Knotenpunkten des Stabes Nullstellen besitzt, oder wenn es mindestens zwei Eigenfunktionen gibt, deren Knotenpunktsordinaten einander proportional sind (vgl. § 11d).

In noch besserer Annäherung stellen wir die Biegelinie durch die Überlagerung dreier Eigenfunktionen des Hilfsproblems dar:

$$y = a_p \cdot \varphi^{(p)}(x) + a_q \cdot \varphi^{(q)}(x) + a_r \cdot \varphi^{(r)}(x). \tag{176}$$

p, q und r bedeuten dabei drei natürliche Zahlen, die nicht notwendig aufeinander zu folgen brauchen ($r > q > p$). Dann wird Gleichung (26)

$$\bar{\Delta}(\beta) \equiv \begin{vmatrix} (\alpha_{pp} + N_p \cdot \beta) & \alpha_{pq} & \alpha_{pr} \\ \alpha_{qp} & (\alpha_{qq} + N_q \cdot \beta) & \alpha_{qr} \\ \alpha_{rp} & \alpha_{rq} & (\alpha_{rr} + N_r \cdot \beta) \end{vmatrix} = 0. \tag{177}$$

Daraus ergibt sich für β eine kubische Gleichung

$$B_3 \cdot \beta^3 + B_2 \cdot \beta^2 + B_1 \cdot \beta + B_0 = 0 \tag{178}$$

mit folgenden Beiwerten:

$$\left\{\begin{array}{l} B_3 = + N_p N_q N_r \\ B_2 - + [N_q N_r \cdot \alpha_{pp} + N_r N_p \cdot \alpha_{qq} + N_p N_q \cdot \alpha_{rr}] \\ B_1 = + [N_p \cdot (\alpha_{qq}\alpha_{rr} - \alpha_{qr}^2) + N_q \cdot (\alpha_{rr}\alpha_{pp} - \alpha_{rp}^2) + N_r \cdot (\alpha_{pp}\alpha_{qq} - \alpha_{pq}^2)] \\ B_0 = + [\alpha_{pp}(\alpha_{qq}\alpha_{rr} - \alpha_{qr}^2) + \alpha_{qq}(\alpha_{rr}\alpha_{pp} - \alpha_{rp}^2) + \alpha_{rr}(\alpha_{pp}\alpha_{qq} - \alpha_{pq})^2 - 2(\alpha_{pp}\alpha_{qq}\alpha_{rr} - \alpha_{pq}\alpha_{qr}\alpha_{rp})] \end{array}\right. \tag{179}$$

B_0 ist hier eine homogene Form sechsten Grades in den f_ν. Wir behaupten wiederum, daß sie positiv definit ist. Setzt man in B_0 für die α ihre Ausdrücke nach (160) ein und ordnet nach den auftretenden Produkten $A_\lambda \cdot A_\mu \cdot A_\nu$, so findet man, daß die Beiwerte der A_λ^3 und der $A_\lambda^2 \cdot A_\mu$ sämtlich identisch verschwinden, und man erhält

$$B_0 = \sum_{\lambda,\mu,\nu} A_\lambda \cdot A_\mu \cdot A_\nu \cdot \begin{vmatrix} f_\lambda^{(p)} f_\mu^{(p)} f_\nu^{(p)} \\ f_\lambda^{(q)} f_\mu^{(q)} f_\nu^{(q)} \\ f_\lambda^{(r)} f_\mu^{(r)} f_\nu^{(r)} \end{vmatrix}^2, \tag{180}$$

wobei die Summe über alle Kombinationen dreier verschiedener Indizes λ, μ, ν von Null bis n zu erstrecken ist. Damit ist der positiv definite Charakter von B_0 bewiesen. Wir schließen daraus wie vorher auch für den Fall der Kombinationen zu dritt: Eine kleine proportionale Änderung der Stützenwiderstände oder der Stabkräfte kann ein System, das sich nicht von vornherein an der Stabilitätsgrenze befand, niemals instabil machen.

Aus (180), (174) und (168) folgt, daß für $k < \lambda^{(p)}$ alle Größen B_ν in (179) positiv werden, (178) also keine positive Wurzel haben kann. Daraus ergibt sich ähnlich wie vorher: Ist $\lambda^{(p)}$ der größte Eigenwert des Hilfsproblems, der kleiner als die verlangte Knicksicherheit k ist, so braucht man die Eigenwerte bei Kombination je dreier benachbarter Eigenfunktionen nur bis einschließlich $\lambda^{(p+2)}$ zu berechnen (bzw. bei rein symmetrischen und rein antimetrischen Kombinationen zu dritt nur bis einschließlich $\lambda^{(p+4)}$).

Für die Vorzeichen der drei Wurzeln von (178) ergibt sich aus Überlegungen, die den früheren entsprechen:

$$(181)\quad \left\{\begin{array}{lllllll} k < \lambda^{(p)}; & N_p > 0, & N_q > 0, & N_r > 0; & \beta_1 < 0, & \beta_2 < 0, & \beta_3 < 0 \\ k = \lambda^{(p)}; & N_p = 0, & N_q > 0, & N_r > 0; & \beta_1 = \mp\infty, & \beta_2 < 0, & \beta_3 < 0 \\ \lambda^{(p)} < k < \lambda^{(q)}; & N_p < 0, & N_q > 0, & N_r > 0; & \beta_1 > 0, & \beta_2 < 0, & \beta_3 < 0 \\ k = \lambda^{(q)}; & N_p < 0, & N_q = 0, & N_r > 0; & \beta_1 > 0, & \beta_2 = \mp\infty, & \beta_3 < 0 \\ \lambda^{(q)} < k < \lambda^{(r)}; & N_p < 0, & N_q < 0, & N_r > 0; & \beta_1 > 0, & \beta_2 > 0, & \beta_3 < 0 \\ k = \lambda^{(r)}; & N_p < 0, & N_q < 0, & N_r = 0; & \beta_1 > 0, & \beta_2 > 0, & \beta_3 = \mp\infty \\ \lambda^{(r)} < k \quad ; & N_p < 0, & N_q < 0, & N_r < 0; & \beta_1 > 0, & \beta_2 > 0, & \beta_3 > 0 \end{array}\right.$$

Nach (180) kann B_0 nur verschwinden, wenn **alle** dreireihigen Unterdeterminanten der Matrix

$$\left|\begin{array}{cccccc} f_0^{(p)} & f_1^{(p)} & f_2^{(p)} & \dots & f_{n-1}^{(p)} & f_n^{(p)} \\ f_0^{(q)} & f_1^{(q)} & f_2^{(q)} & \dots & f_{n-1}^{(q)} & f_n^{(q)} \\ f_0^{(r)} & f_1^{(r)} & f_2^{(r)} & \dots & f_{n-1}^{(r)} & f_n^{(r)} \end{array}\right|$$

gleichzeitig verschwinden. Auf die Bedeutung dieses Falles kommen wir, wie gesagt, in § 11d zurück.

e) Die Stützensicherheit.

Da in unserem Falle $\lambda^{(3)}$ bereits größer als 2 ist (vgl. Tabelle H), scheiden nach unseren allgemeinen Betrachtungen bei doppelter Stabkraft die Kombinationen 3, 4, 5 — 4, 5, 6 — 5, 6, 7 — 6, 7, 8 — 3, 5, 7 und 4, 6, 8 aus der weiteren Rechnung aus, da sie keine positive Wurzel β ergeben können. Bei einfacher Stabkraft scheiden außerdem noch die Kombinationen 2, 3, 4 und 2, 4, 6 aus, da $\lambda^{(2)}$ bereits größer als 1 ist. Wir hätten also, da nach früheren Überlegungen die rein symmetrischen und rein antimetrischen Kombinationen in unserem Fall nicht in Betracht kommen, von vornherein nur die vier ersten Eigenwerte zu berechnen brauchen (also gerade die, die die wenigste Mühe machen), wenn es uns lediglich auf die Untersuchung der Stabilität des vorgelegten Stabes angekommen wäre.

Die weitere Rechnung möge zuerst für doppelte Stabkraft durchgeführt werden, also mit den Werten N_i' aus Tabelle K. Es ergab sich für die

Kombination 1, 2, 3.

$$\begin{aligned} B_0 &= + 64\,592\,482\,000 \\ B_1 &= - 4\,638\,328\,400 \\ B_2 &= - 363\,505\,420 \\ B_3 &= + 12\,125\,398 \end{aligned}$$

Die Gleichung hat nach (181) eine negative und zwei positive Wurzeln. Die kleinere positive Wurzel wurde bestimmt zu

$$(182)\qquad \bar{\beta}_1 = +\,9{,}2720809.$$

Weiter ergab die Rechnung für die

Kombination 2, 3, 4.

$$\begin{aligned} B_0 &= + 1\,528\,941\,800 \\ B_1 &= + 1\,323\,283\,000 \\ B_2 &= + 12\,047\,864 \\ B_3 &= - 3\,377\,207{,}3 \end{aligned}$$

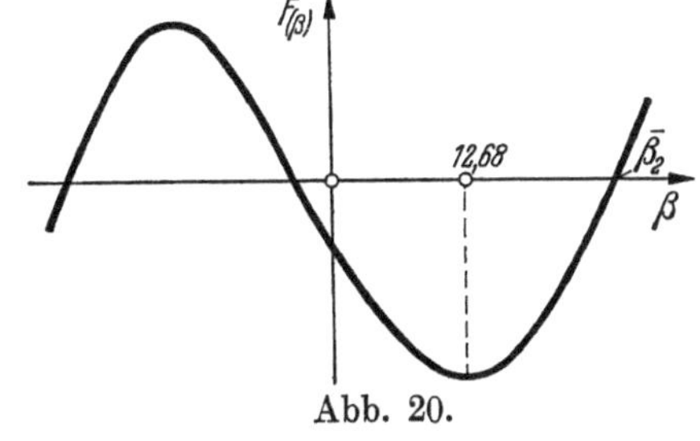

Abb. 20.

Die Gleichung hat nach (181) eine positive und zwei negative Wurzeln. Bezeichnen wir die linke Seite von (178), dividiert durch B_3, mit $F(\beta)$, so hat die Kurve $F(\beta)$ bei positiven Abszissen ein Minimum mit negativer Ordinate (vgl. Abb. 20). Die Abszisse des Minimums wurde zu 12,68 berechnet. Die einzige positive Wurzel $\bar{\beta}_2$ muß offenbar rechts von diesem Minimum liegen. Da schon die Abszisse des Minimums größer als $\bar{\beta}_1$ ist [vgl. (182)], so erübrigt sich eine genauere Bestimmung des Wertes von $\bar{\beta}_2$, da wir den kleinsten aller Werte $\bar{\beta}_i$ suchen. Wir stellen also lediglich fest:

(183) $$\ddot{\beta}_2 > 12{,}68 > \ddot{\beta}_1.$$

Dadurch scheidet auch die Kombination 2, 3, 4 aus der weiteren Rechnung aus. Damit wäre unsere Aufgabe an sich schon gelöst. Doch sollen, wie bereits bemerkt, zum Vergleich auch noch die von F. und H. Bleich empfohlenen Kombinationen 1, 3, 5, die rein symmetrischen Charakter hat, und 2, 4, 6, die rein antimetrischen Charakter hat, gerechnet werden.

Kombination 1, 3, 5.

$$\begin{aligned} B_0 &= +\,2\,731\,843\,000\\ B_1 &= +\,4\,104\,103\,700\\ B_2 &= +\,13\,760\,519\\ B_3 &= -\,9\,906\,822{,}2 \end{aligned}$$

Die Gleichung hat nach (181) ebenfalls eine positive und zwei negative Wurzeln. Der Charakter des Verlaufs der Kurve $F(\beta)$ ist der gleiche wie der in Abb. 20 dargestellte. Die Abszisse des Minimums ergibt sich zu $+12{,}2$. Damit erübrigt sich eine genauere Bestimmung der positiven Wurzel $\bar{\beta}_3$. Sie wurde grob geschätzt zu ungefähr 25.

(184) $$\ddot{\beta}_3 > 12{,}2 > \bar{\beta}_1 \qquad (\bar{\beta}_3 \sim 25).$$

Endlich wurde noch berechnet die

Kombination 2, 4, 6.

$$\begin{aligned} B_0 &= +\,245\,167\,790\\ B_1 &= +\,1\,769\,022\,540\\ B_2 &= +\,841\,808\,100\\ B_3 &= -\,34\,015\,139 \end{aligned}$$

Auch diese Gleichung hat nach (181) eine positive und zwei negative Wurzeln, und wieder ist der Verlauf der Kurve $F(\beta)$ generell der in Abb. 20 dargestellte. Die Abszisse des Minimums wurde zu $+17{,}5$ berechnet, die positive Wurzel $\bar{\beta}_4$ grob auf etwa 37 geschätzt. Es folgt

(185) $$\ddot{\beta}_4 > 17{,}5 > \bar{\beta}_1 \qquad (\bar{\beta}_4 \sim 37).$$

In diesem Fall ist die eine negative Wurzel dem Betrage nach so klein ($\cong -0{,}13$), daß man die größten Bedenken für die Stabilität des Systems haben müßte, wenn wir uns nicht im vorigen Abschnitt (§ 10d) schlüssig davon überzeugt hätten, daß diese Wurzel unter keinen Umständen durch geringfügige Änderung der Stützenwiderstände oder der Stabkräfte über Null zu positiven Werten geführt werden kann.

Damit sind alle in Betracht zu ziehenden Kombinationen zu dritt für den Fall verdoppelter Stabkräfte berechnet. Aus (182) bis (185) folgt, daß die kleinste überhaupt sich ergebende positive Wurzel $\bar{\beta}_1$ ist:

(186) $$\ddot{\beta} = \bar{\beta}_1 = 9{,}27\,.$$

Gleichung (186) besagt, daß die geforderte zweifache Knicksicherheit überreichlich gewährleistet ist.

Mathematisch besagt sie, daß selbst dann, wenn alle Stabkräfte doppelt so groß würden wie sie unter Berücksichtigung aller denkbaren Belastungsmöglichkeiten maximal werden können, daß selbst dann noch die elastische Stützung neunmal weicher gemacht werden müßte als sie ist, um das System an die Knickgrenze zu bringen. Praktisch ist das natürlich nicht realisierbar, da dann die Fließgrenze längst überschritten wäre.

Damit ist die gestellte Aufgabe gelöst. Es bleibt nur noch übrig, zum Vergleich die einzige Kombination dreier benachbarter Eigenfunktionen zu untersuchen, die sich bei einfacher Stabkraft als möglich erwies, die Kombination 1, 2, 3. Auf die Berechnung der einzigen sonst noch bei einfacher Stabkraft möglichen Kombination zu dritt, 1, 3, 5 kann nach den Ergebnissen der vorangehenden Rechnung verzichtet werden. Die positive

Wurzel muß bei dieser Kombination wesentlich größer werden als bei der Kombination 1, 2, 3. Bei einfacher Stabkraft steht also in unserm Falle von vornherein fest, daß die — nach (181) einzige — positive Wurzel der Kombination 1, 2, 3 die Stützensicherheit bestimmt. Es ergibt sich für diese Kombination:

$$\begin{aligned} B_0 &= +\,64\,592\,482\,000 \\ B_1 &= +\,12\,655\,089\,000 \\ B_2 &= -\quad 357\,460\,360 \\ B_3 &= -\qquad 1\,365\,947{,}7 \end{aligned}$$

Die positive Wurzel wurde berechnet zu

$$\bar{\beta}_1 = \bar{\beta} = 35{,}63\,. \tag{187}$$

Der Vergleich mit (186) zeigt: Wird doppelte Knicksicherheit im üblichen Sinne, d. h. in bezug auf die Stabkräfte gefordert, so geht die Stützensicherheit keineswegs auf die Hälfte zurück, sondern z. B. in unserem Fall auf etwa den vierten Teil. Die Forderung zweifacher Knicksicherheit im Sinne der Sicherheit bei verdoppelten Stabkräften ist also etwas ganz anderes als die Forderung zweifacher Sicherheit der Stützenwiderstände bei einfacher Stabkraft. Daraus folgt, daß bei dem Bleichschen Verfahren die Bestimmung der Stützensicherheit stets unter Berücksichtigung des geforderten Sicherheitsfaktors zu erfolgen hat. Nur wenn sich dann $\bar{\beta} > 1$ ergibt, erfüllt das System die geforderten Stabilitätsbedingungen.

Der Vergleich von (184) und (185) mit (182) zeigt, welchen Fehler man machen würde, wenn man nach dem Vorgang von F. und H. Bleich nur Kombinationen rein antimetrischen oder rein symmetrischen Charakters zum Vergleich heranziehen würde. Man erhielte eine viel zu große Zahl für die Stützensicherheit und könnte dadurch unter Umständen in die Lage gebracht werden, ein instabiles System als stabil anzusehen. Diese Methode ist nur (dann aber auch sicher) am Platze, wenn das zu untersuchende System und seine Belastung selbst symmetrisch sind. Übrigens wird sie bei F. und H. Bleich auch nur auf solche Fälle angewendet, da andere Beispiele überhaupt nicht behandelt werden. Ist das zu untersuchende System oder seine Belastung nicht symmetrisch, so muß man jeweils drei benachbarte Eigenfunktionen kombinieren, wenn man sich nicht gefährlichen Fehlschlüssen aussetzen will.

§ 11. Die Knickgrenze bei proportionaler Änderung der Stabkräfte und der Stützenwiderstände.

a) Die Knickgirlande.

Mit Hilfe der in § 10d gewonnenen Ergebnisse kann man mit verhältnismäßig wenig Mühe einen guten Einblick in das Verhalten des untersuchten Stabes bei proportionaler Änderung der Stabkräfte und der Stützenwiderstände gewinnen. Wir halten zunächst die Stützenwiderstände, also die Größen α_{ij} fest und lassen den Proportionalitätsfaktor k der Stabkräfte alle positiven Werte von Null bis Unendlich durchlaufen. Praktisch beschränken wir uns dabei auf das Intervall bis etwa zum sechsten Pol der Determinante $\Delta(\lambda)$, also auf $0 \leq k \leq 20$. Wir werden sehen, daß wir das Gebiet sogar noch weiter einschränken können. Wir beginnen die Rechnung wieder mit dem Ansatz (166), also mit der Approximation der Biegelinie durch eine einzige Eigenfunktion.

Nach (167) berechnen wir für $p = 1, 2, \ldots, 8$ zu einer größeren Anzahl von Werten k im Intervall $\lambda^{(p)} < k \leq 20$ die zugehörigen positiven Werte $\bar{\beta}$. Die α_{pp} entnehmen wir der Tabelle I, die Werte $\bar{N}_p$ der Tabelle K und berechnen die N_p aus $N_p = (\lambda^{(p)} - k) \cdot \bar{N}_p$. Wir erhalten acht Hyperbeln (vgl. Abb. 21). Die Abszissen ihrer senkrechten Asymptoten sind die acht ersten Eigenwerte unseres Hilfsproblems. An jeder Stelle k bestimmt der dort niedrigste Kurvenzweig die Stützensicherheit $\bar{\beta}$. Bei $k = 5$ etwa erhält man

aus der Kurve für $\lambda^{(1)}$: $\bar{\beta} = 8{,}84$
,, ,, ,, ,, $\lambda^{(2)}$: $\bar{\beta} = 6{,}46$
,, ,, ,, ,, $\lambda^{(3)}$: $\bar{\beta} = 4{,}48$
,, ,, ,, ,, $\lambda^{(4)}$: $\bar{\beta} = 13{,}82$.

Die Stützensicherheit ist also $\bar{\beta} = 4{,}48$ und wird durch den Ansatz $y = a_3 \cdot \varphi^{(3)}(x)$ geliefert. Zu beliebigem k bestimmt der girlandenartige untere Rand der Hyperbelschar in Abb. 21 die Stützensicherheit. Wir nennen ihn kurz die Knickgirlande.

Ist die Stützensicherheit größer als 1, wie im Beispiel, so knickt der Stab nicht aus. Er bleibt unverformt. Es gibt nun zwei Möglichkeiten, den Stab an die Knickgrenze zu führen: Entweder wir behalten die Belastung mit fünffacher Stabkraft bei und fragen, wieviel schwächer wir die Stützenwiderstände machen müssen, um an die Knickgrenze zu gelangen. Darauf gibt uns das Bleichsche Verfahren die unmittelbare Antwort: Wir müssen alle Stützenwiderstände mit $1/\beta$, also im Beispiel mit $1/4{,}48 = 0{,}223$ multiplizieren. Die zweite Möglichkeit, das System an die Knickgrenze zu führen, ist die folgende: Wir behalten die Stützenwiderstände unverändert bei und fragen, wieweit wir die Belastung steigern müssen, um an die Knickgrenze zu gelangen. Das ist die ursprüngliche Fragestellung, die erst durch das Bleichsche Verfahren durch die Frage nach der Stützensicherheit ersetzt wurde. Mit Hilfe der Abb. 21 können wir jetzt leicht zu dieser ursprünglichen Fragestellung zurückkehren. Das System knickt bei festgehaltenen Stützenwiderständen bei dem Wert von k aus, bei dem sich $\bar{\beta} = 1$ ergibt, also bei demjenigen k, bei dem unsere Knickgirlande die Ordinate 1 hat. Aus Abb. 21 lesen wir ab, daß als erste die Hyperbel für $\lambda^{(4)}$ auf die Ordinate 1 heruntersinkt, und zwar an der Abszisse $k = 10{,}9$. Wachsen also die Stabkräfte auf etwa das elffache der in Tabelle A (§ 1) angegebenen Beträge, so knickt unser Stab bei den gegebenen Stützenwiderständen aus.

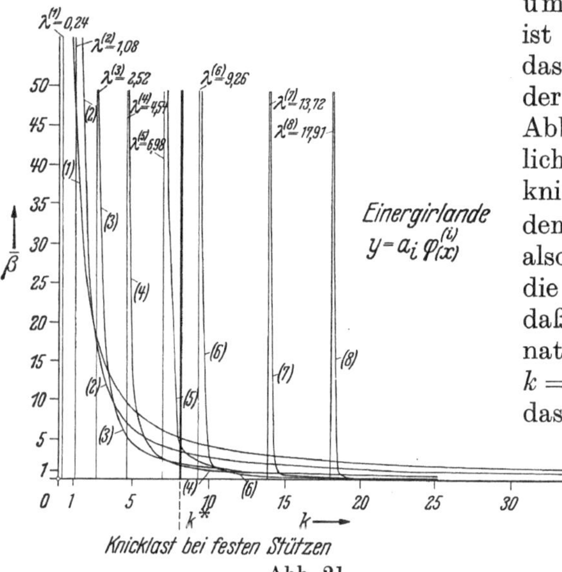

Abb. 21.

Unsere Ergebnisse sagen aber noch mehr aus. Bei $k = 5$ erhielten wir die Stützensicherheit 4,48 aus der Kurve für $\lambda^{(3)}$. Sie entsprach dem Ansatz $y = a_3 \cdot \varphi^{(3)}(x)$. Führen wir also den Stab bei fünffachen Stabkräften dadurch an die Knickgrenze, daß wir die Stützen um das 4,48fache nachgiebiger machen, so knickt der Stab in der Gestalt der dritten Eigenfunktion, also mit drei Halbwellen aus (vgl. Abb. 14). Lassen wir dagegen die Stützenwiderstände ungeändert und steigern die Stabkräfte auf den 10,9fachen Betrag der ursprünglich gegebenen, so knickt der Stab entsprechend der vierten Eigenfunktion, also mit vier Halbwellen aus (vgl. Abb. 15).

Alle diese Ergebnisse gelten natürlich nur im Rahmen derjenigen Genauigkeit, mit der man die Biegelinie des Hauptstabes durch eine einzige Eigenfunktion des Hilfsproblems annähern kann. Wir werden sehen, daß diese Genauigkeit sehr gering und dementsprechend die zahlenmäßigen Ergebnisse sehr schlecht sind.

Unsere Zeichnung (Abb. 21) bleibt auch verwendbar, wenn wir alle Stützenwiderstände proportional ändern. Setzen wir die neuen Stützenwiderstände A'_ν gleich dem μ-fachen der alten

$$A'_\nu = \mu \cdot A_\nu ,$$

so multiplizieren sich nach (168) auch die α_{pp} mit μ:

$$\alpha'_{pp} = \mu \cdot \alpha_{pp} .$$

Aus (167) folgt sodann

$$\beta' = \mu \cdot \beta .$$

Für die μ-fachen Stützenwiderstände bleibt also Abb. 21 bestehen, wenn man lediglich die Maßskala der Ordinaten β mit $1/\mu$ multipliziert. Macht man z. B. die Stützenwiderstände halb so stark wie ursprünglich ($\mu = 0{,}5$), so ist $\beta' = 1$ in unserer Zeichnung (Abb. 21) durch die Ordinate $\beta = \frac{1}{0{,}5} \cdot \beta' = 2$ gegeben, und wir lesen ab, daß das Ausknicken etwa bei $k = 7{,}6$, und zwar mit vier Halbwellen erfolgt.

Alle diese Überlegungen bleiben bestehen, wenn wir nun in besserer Annäherung an die wirkliche Biegelinie zu den Kombinationen je zweier und je dreier benachbarter Eigenfunktionen übergehen. Daß insbesondere auch die Affinität der Figuren bei proportionaler Änderung der Stützenwiderstände erhalten bleibt, lehrt ein Blick auf die Determinanten (171) bzw. (177). Bei Multiplikation aller A_ν mit μ multiplizieren sich nach (160) alle α_{ij} ebenfalls mit μ. Da die N_i von den Stützenwiderständen unabhängig sind, machen (171) bzw. (177) offensichtlich, daß auch β mit μ zu multiplizieren ist. $\overline{\Delta}(\beta)$ multipliziert sich dann mit μ^2 bzw. μ^3, und wenn $\overline{\Delta}(\beta)$ verschwand, so verschwindet auch $\mu^2 \cdot \overline{\Delta}(\beta)$ bzw. $\mu^3 \cdot \overline{\Delta}(\beta)$.

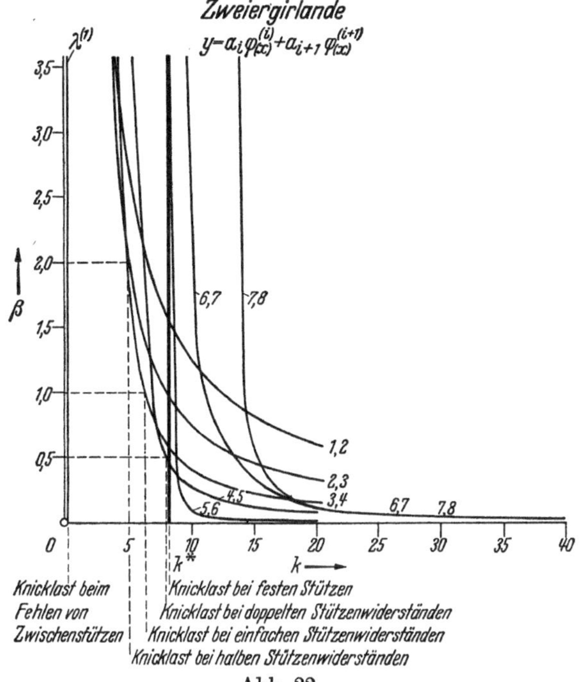

Abb. 22.

Die Berechnung der Figuren für die Kombinationen zu zweit und zu dritt erfolgt nach (173) bzw. (178), wobei die α_{ij} der Tabelle I zu entnehmen sind, die $\overline{N}_i$ der Tabelle K, und die N_i aus $N_i = (\lambda^{(i)} - k) \cdot \overline{N}_i$ zu berechnen sind.

Das Bleichsche Verfahren bestimmt den Wert $\bar{\beta}$ aus dem Minimum der potentiellen Energie des elastischen Gesamtsystems. Dieses Minimum wird tatsächlich nur durch die wirkliche Biegelinie hervorgebracht, zu deren Darstellung wir eine unendliche Reihe aus sämtlichen Eigenfunktionen brauchten. Bei jeder Approximation durch endlich viele Eigenfunktionen müssen wir daher sowohl für die Stützensicherheit β bei vorgeschriebenem Belastungsvielfachen k wie auch, da die Knickgirlande monoton ist, für das Lastvielfache k an der Knickgrenze bei gegebenen Stützenwiderständen einen zu großen, d. h. einen zu günstigen Wert erhalten. Es ist deshalb wichtig, einen ungefähren Maßstab für die Güte der Konvergenz bei wachsender Anzahl der berücksichtigten Eigenfunktionen zu haben. Man gewinnt ihn durch Vergleich der Werte, die sich aus den Einzelfunktionen, den Kombinationen zu zweit und den Kombinationen zu dritt ergeben. Je mehr Glieder man in der Entwicklung der Biegelinie nach Eigenfunktionen berücksichtigt [vgl. (159)], um so näher wird man ihrer wirklichen Gestalt kommen. In jedem Falle muß also das Minimum der potentiellen Energie, das man aus allen denkbaren Kombinationen zu zweit berechnet, dem wirklichen Minimum näher liegen, also kleiner sein als

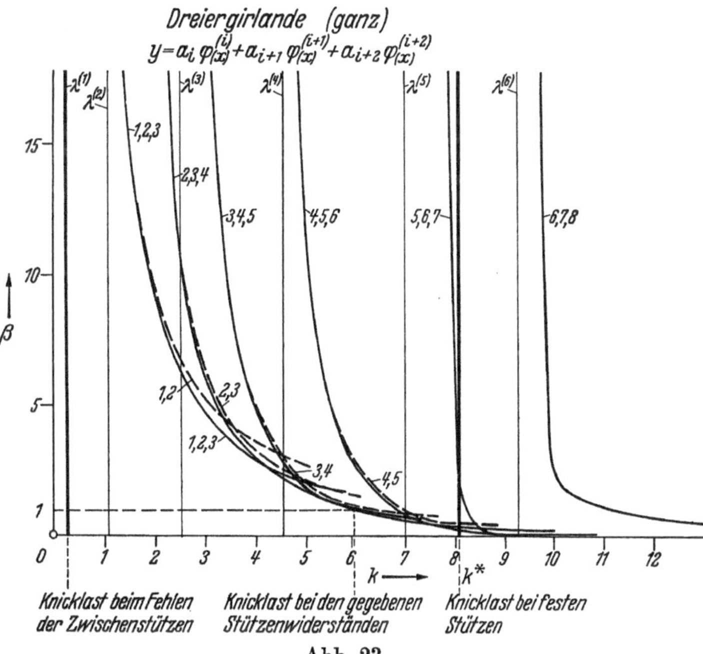

Abb. 23.

das aus den Einzelfunktionen berechnete. Die Kombinationen zu dritt müssen wiederum dem wirklichen Minimum noch näher kommen, also in jedem Fall noch kleinere Ergebnisse liefern als die Kombinationen zu zweit. Unsere in den Abb. 22, 23 und 24 dargestellten Ergebnisse bringen das deutlich zum Ausdruck. Abb. 23 zeigt in den ausgezogenen Linien ein vollständiges Bild der Kurven $\beta(k)$ für alle Kombinationen je dreier benachbarter Eigenfunktionen. Der untere Rand dieser Kurvenschar ist die Knickgirlande. Wir nennen sie kurz die Dreiergirlande. Die gestrichelten Linien geben die aus den Kombinationen zu zweit sich ergebenden Kurven wieder. Man sieht, daß die Zweiergirlande ganz oberhalb der Dreiergirlande liegt, daß sie sich aber für nicht zu große Werte von k nicht allzusehr von der Dreiergirlande unterscheidet. Bis etwa $k = 2{,}5$ könnte man sich sogar unbedenklich auf Kombinationen zu zweit beschränken. Zieht man auch noch die Einergirlande (Abb. 21) zum Vergleich heran, so sieht man, daß der Unterschied zwischen den aus der Dreier- und Zweiergirlande sich ergebenden Werten im ungünstigsten Fall (für die größten betrachteten Werte von k) nur noch etwa ein Achtel des Unterschiedes zwischen den aus der Zweier- und Einergirlande gewonnenen Werten ausmacht. Man darf daraus schließen, daß die weitere Verbesserung, die man mit Kombinationen zu viert erzielen könnte, unwesentlich ist und daß man — wenigstens in dem für praktische Bedürfnisse in Betracht kommenden Bereich — mit Kombinationen zu dritt vollkommen auskommt. In der folgenden Tabelle, die das auch zahlenmäßig veranschaulichen soll, sind die Knicklasten, die sich aus den drei Girlanden bei den gegebenen, bei halb so starken und bei doppelt so starken Stützenwiderständen ergeben, zusammengestellt.

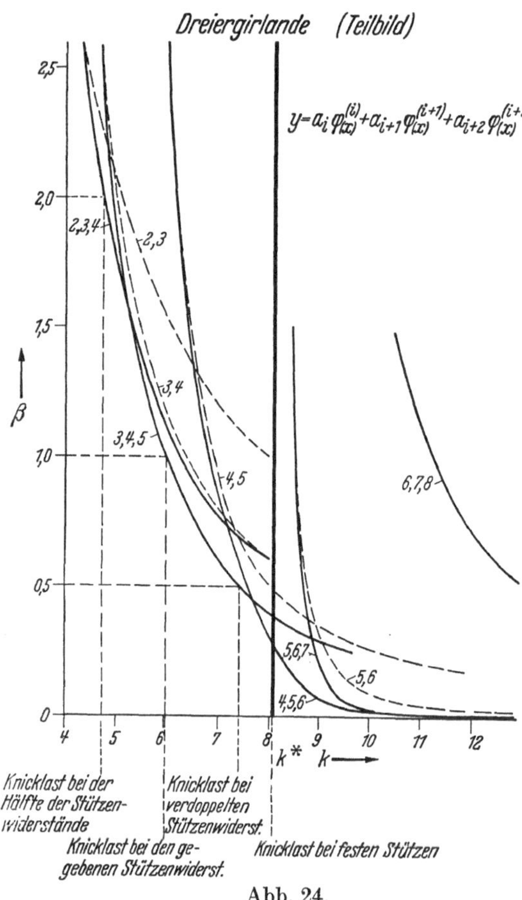

Abb. 24.

(L)

	Lastvielfaches k an der Knickgrenze		
	bei halben Stützenwiderständen	bei einfachen Stützenwiderständen	bei doppelten Stützenwiderständen
Aus der Einergirlande . .	7,6	10,9	14
Aus der Zweiergirlande .	4,98	6,35	8,00
Aus der Dreiergirlande. .	4,73	6,03	7,40

Als Stützensicherheit für doppelte Stabkräfte ($k = 2$) ergibt sich aus der Einergirlande $\bar{\beta} = 23{,}9$, aus der Zweiergirlande $\bar{\beta} = 9{,}5$, aus der Dreiergirlande $\bar{\beta} = 9{,}27$.

Deutlich ist aus Abb. 23 und 24 zu sehen, daß die Kurve $n-1, n, n+1$ sich anfangs eng an die Kurve $n-1, n$, für große k dagegen an die Kurve $n, n+1$ anschmiegt, also die Girlandenecke zwischen beiden ausgleicht.

Abb. 22 zeigt die Zweiergirlande mit stark vergrößertem Ordinatenmaßstab, Abb. 24 ebenso die Dreiergirlande, wobei die Zweiergirlande wieder gestrichelt zum Vergleich mit eingetragen ist. Die Ablesung der Werte der Tabelle L ist in den Abb. 22 und 24 markiert, in Abb. 23 nur die Ablesung der Knickbelastung bei den gegebenen Stützenwiderständen.

b) Der Grenzfall verschwindender Stützenwiderstände.

Ist $k < \lambda^{(1)}$ gegeben, so erhalten wir aus unseren Figuren (ebenso natürlich aus den Formeln) keinen zugehörigen positiven Wert von β mehr, wie bereits vorher bemerkt, da dann die Bleichsche Fragestellung ihren Sinn verliert. Doch liefert uns das Bleichsche Verfahren beim Grenzübergang zu verschwindenden Stützenwiderständen richtig die Knicklast des Stabes ohne Zwischenstützen.

Setzen wir wieder $A'_\nu = \mu \cdot A_\nu$ und lassen μ gegen Null streben, so erhalten wir nach dem früher Gesagten die zu jedem Wert von μ gehörige Knicklast als Abszisse der Knickgirlande zur Ordinate $1/\mu$. Für verschwindendes μ gibt uns daher die senkrechte Asymptote des Girlandenzuges die Knicklast, und diese Asymptote hat die Abszisse $\lambda^{(1)}$. Wir erhalten also in der Grenze für verschwindende Stützenwiderstände als Knicklast den kleinsten Eigenwert des Hilfsproblems, d. h. richtig die Knicklast des Stabes ohne Zwischenstützen, und zwar bei jedem der drei Girlandenzüge.

Auch unsere Gleichungen sprechen das deutlich aus. Für $A_\nu \to 0$ verschwinden nach (160) alle α_{ij}. (26) ergibt also bei einem Ansatz für beliebig viele (t) Eigenfunktionen:

$$N_1 \cdot N_2 \cdot \ldots \cdot N_t \cdot \beta^t = 0\,.$$

Sind gar keine Zwischenstützen vorhanden, so muß diese Gleichung für beliebiges β bestehen. Das ist aber nur möglich, wenn eine der Größen $N_i = (\lambda^{(i)} - k) \cdot \overline{N}_i$ verschwindet. Daraus folgt, da $\overline{N}_i$ positiv definit ist,

$$k = \lambda^{(i)}\,.$$

Die kleinste dieser Wurzeln erhalten wir für $i = 1$, also die Knicklast zu

$$\bar{k} = \lambda^{(1)}\,.$$

c) Der Grenzfall fester Zwischenstützen.

Nicht so einfach liegen die Verhältnisse bei dem anderen Grenzfall, bei festen Zwischenstützen. Da B_0 nach (180) positiv definit ist, kann (178) im allgemeinen niemals eine Wurzel $\beta = 0$ ergeben. Es kann auch kein Zweifel bestehen, daß unsere Schlüsse auf jede Kombination einer beliebigen endlichen Anzahl von Eigenfunktionen ausgedehnt werden können. Lassen wir also μ in $A'_\nu = \mu \cdot A_\nu$ über alle Grenzen wachsen, so wächst das an unserm Girlandenzuge zur Ordinate $1/\mu$ abzulesende, die Knicklast bestimmende Kraftvielfache k ebenfalls über alle Grenzen. Andererseits aber wissen wir, daß unser Stab auch bei festen Stützen eine ganz bestimmte, endliche Knicklast hat, die durch $k = k^*$ bestimmt sein möge. Für $k > k^*$ kann daher der Stab bei beliebig festen elastischen Stützen unmöglich stabil sein. Dieser scheinbare Widerspruch verschwindet, sobald man an die Besonderheit der Bleichschen Fragestellung und den Näherungscharakter unserer Lösung denkt.

Sei β^* die zu k^* gehörige Girlandenordinate. Dann hat β^* für jede Kombination endlich vieler Eigenfunktionen im allgemeinen sicher einen positiven, nicht verschwindenden Wert. Wir geben nun ein positives $\beta_0 < \beta^*$ vor. Dann ergibt die Knickgirlande dazu einen bestimmten Wert $k_0 > k^*$. Nach der Problemstellung besagt dies: Haben die Stützenwiderstände die Werte $A'_\nu = \frac{1}{\beta_0} \cdot A_\nu$, so müßte man die Stabkräfte bis zum k_0-fachen Betrag steigern, um den Stab durch Nachgeben der Stützen zum Ausknicken zu bringen. Wir wissen im übrigen nur, daß der Stab bei festen Stützen, also ohne Nachgeben der Stützen schon für $k = k^* < k_0$ ausknickt. Darin liegt also kein Widerspruch. Doch können wir auf Grund der bisherigen Betrachtungen auch keine zwingenden Schlüsse über das Verhalten des Stabes bei Lastvielfachen in der Nähe von k^* ziehen, wenn wir bedenken, daß die wirkliche Biegelinie Komponenten nach allen Eigenfunktionen des Hilfsproblems besitzt, während wir nur Kombinationen endlich vieler Eigenfunktionen untersuchen. Wir müssen vielmehr folgende beide Möglichkeiten offen lassen:

Schreiten wir von den Kombinationen zu dritt fort zu Kombinationen zu viert, zu fünft, zu sechst usw. in inf., so strebt β^* sicher einem Grenzwert

$\bar{\beta}^*$ zu, da β^* bei diesem Prozeß, wie oben erwähnt, nur abnehmen, andererseits aber nicht negativ werden kann. Es gibt zwei Möglichkeiten: 1. $\bar{\beta}^* > 0$, 2. $\bar{\beta}^* = 0$.

1. $\bar{\beta}^* > 0$. Dann folgt aus den vorangehenden Betrachtungen, daß der Stab für $A'_\nu > \frac{1}{\bar{\beta}^*} \cdot A_\nu$ durch Nachgeben der Stützen erst bei $k = k_0 > k^*$ ausknicken würde, daß er aber tatsächlich bereits bei $k = k^*$ wie ein Stab auf festen Stützen, d. h ohne Nachgeben der Stützen ausknickt.

2. $\bar{\beta}^* = 0$. Dann nimmt die wirkliche Kurve $\bar{\beta}(k)$, die wir durch unsere Girlanden nur näherungsweise darstellen, für $k \to k^*$ stetig den Grenzwert 0 an und verschwindet für $k > k^*$ identisch. In diesem Fall gehört zu jedem beliebigen endlichen Vielfachen $1/\beta$ der Stützenwiderstände ein eindeutig bestimmter endlicher Knickwert $k < k^*$, und es ist $\lim\limits_{\frac{1}{\beta} \to \infty} k = k^*$. Das würde bedeuten, daß der Stab bei endlichen Stützenwiderständen immer durch Nachgeben der Stützen ausknickt.

Zu entscheiden, welche dieser beiden Möglichkeiten wirklich zutrifft, bzw. unter welchen Bedingungen die eine oder die andere eintritt, wäre eine theoretisch interessante Frage, aber für die Praxis ziemlich bedeutungslos, da wohl kein Ingenieur ein System mit elastischen Stützen konstruieren dürfte, dessen Belastung in solcher Nähe der Knicklast des fest gestützten Systems liegt, daß die hier erörterte Frage entscheidende Wichtigkeit erlangt.

Sicher ist jedenfalls, daß ein elastisch gestütztes System nicht stabil sein kann, wenn das entsprechende fest gestützte System ausknickt. $k = k^*$ ist also in jedem Falle die obere Grenze desjenigen Intervalls, in dem unsere Rechnung noch einen Sinn hat. Kennen wir die Kurve $\bar{\beta}(k)$ in dem Intervall $\lambda^{(1)} < k \leq k^*$, so kennen wir das elastische Verhalten des untersuchten Stabes bei jeder beliebigen proportionalen Änderung der Stützenwiderstände, vom stützenlosen bis zum fest gestützten Zustand. Die Kenntnis von k^* ist daher unerläßlich und muß bei praktischen Rechnungen stets mit zum ersten gehören, was berechnet wird, falls man sich nicht auf die bloße Bestimmung der Stützensicherheit bei vorgeschriebenem Sicherheitsgrad k beschränken will. Wie wir sahen, können wir den Wert von k^* aus dem Bleichschen Verfahren selbst (jedenfalls mittels Kombinationen zu dritt) nicht gewinnen. Wir berechnen ihn daher nach der üblichen Theorie des fest gestützten Stabes, d. h. aus den Gleichungen (9) für $\nu = 1, 2, \ldots, 5$ mit $M_0 = M_6 = 0$, $\eta_\nu = 0$ für $\nu = 0, 1, 2, \ldots, 6$. Dabei können wir uns mit einem Mindestmaß von Genauigkeit begnügen. Nur wenn die verlangte Knicksicherheit in der Nähe des grob berechneten Wertes von k^* liegen sollte, muß dieser genauer bestimmt werden. Die überschlägige Berechnung wird dadurch sehr erleichtert, daß für den variablen Faktor der Größen ψ'_ν und ψ''_ν [vgl. (6)] Tabellen vorhanden sind (vgl. z. B. „R", S. 321).

Mit $\psi'_\nu + \psi'_{\nu+1} = \psi'_{\nu,\nu+1}$ erhalten wir aus (9) und (6) in diesem Fall die folgende Knickdeterminante:

$$\begin{aligned}
\Delta^*(\lambda) \equiv &+ \psi'_{12}\,\psi'_{23}\,\psi'_{34}\,\psi'_{45}\,\psi'_{56} \\
&- \psi'_{12}\,\psi'_{23}\,\psi'_{34} \cdot \psi''^{2}_{5} \\
&- \psi'_{12}\,\psi'_{23}\,\psi'_{56} \cdot \psi''^{2}_{4} \\
&- \psi'_{12}\,\psi'_{45}\,\psi'_{56} \cdot \psi''^{2}_{3} \\
&- \psi'_{34}\,\psi'_{45}\,\psi'_{56} \cdot \psi''^{2}_{2} \\
&+ \psi'_{12} \cdot \psi''^{2}_{3}\,\psi''^{2}_{5} \\
&+ \psi'_{34} \cdot \psi''^{2}_{5}\,\psi''^{2}_{2} \\
&+ \psi'_{56} \cdot \psi''^{2}_{2}\,\psi''^{2}_{4} = 0.
\end{aligned}$$

Diese Determinante hat an denselben Stellen Pole wie $\Delta(\lambda)$ (§ 6). Die Abszissen der Pole sind (vgl. § 6) die Knicklasten der Einzelfelder bei gelenkig fester Lagerung. Nun werden wir im Abschnitt f) dieses Paragraphen zeigen, daß bei gleichen Feldlängen und konstantem $\frac{S}{EI}$ der Stab bei der Eulerlast des Einzelfeldes ausknickt. Nach den Überlegungen des § 5 ergibt demnach die Eulerlast des schwächsten Feldes eine untere Schranke für k^*; d. h. links vom ersten Pol kann keine positive Nullstelle von $\Delta^*(\lambda)$ liegen. Es wurden nun die Residuen der ersten beiden Pole von $\Delta^*(\lambda)$ bestimmt. Beide ergaben sich positiv. Da auch in diesem Falle alle Pole einfache Pole sind, folgt, daß die erste Nullstelle von $\Delta^*(\lambda)$ zwischen den beiden ersten Polen liegen muß. Die weitere Rechnung ergab

$$\Delta^*(7{,}7) = +\,6715250 \cdot 10^{-30}$$
$$\Delta^*(8{,}2) = -\,6488560 \cdot 10^{-30}.$$

Unter Berücksichtigung der vermutlichen Krümmungsverhältnisse wurde daraus roh geschätzt

$$k^* = 8{,}05.$$

Dieser Wert ist in den Abb. 21 bis 24 als obere Grenze des zu untersuchenden Intervalls eingetragen. Man bemerkt, daß in der Nähe von $k = 8$ die Knickgirlande ganz besonders steil abfällt und der Unterschied zwischen Zweier- und Dreiergirlande besonders groß ist. Das legt die Vermutung nahe, daß (wenigstens in dem vorliegenden Fall, dann aber wahrscheinlich immer) die zweite der oben erörterten Möglichkeiten ($\bar{\beta}^* = 0$) tatsächlich eintritt. Im folgenden wird diese Vermutung weitere wesentliche Stützen erhalten.

d) Der Grenzfall verschwindender Wurzeln β.

Besonders elegant wird das Bleichsche Verfahren dann, wenn — bei beliebigen Feldlängen l_ν — E, I und S in allen Feldern gleich sind, oder auch nur $\frac{S(x)}{E(x)\,I(x)}$ längs des ganzen Stabes konstant ist. Eigenwerte und Eigenfunktionen des Hilfsproblems, deren Berechnung in anderen Fällen die größte Mühe macht, kann man dann ohne jede Rechenarbeit sofort angeben:

$$\lambda^{(i)} = i^2 \pi^2 \cdot \frac{E\,I}{L^2\,S}, \qquad \varphi^{(i)}(x) = \sin\frac{i\,\pi\,x}{L} \qquad \left(L = \sum_{\nu=1}^{n} l_\nu\right).$$

Auch wenn E, I und S nur wenig veränderlich sind, wird man mitunter durch die Annahme eines konstanten mittleren Wertes von $\frac{S}{E\,I}$ zu guten Näherungslösungen gelangen können. Sind aber außer den Werten von E, I und S auch noch die Feldlängen alle gleich, oder in gewissen Fällen auch nur symmetrisch zur Stabmitte, so tritt der oben zurückgestellte Sonderfall ein, daß man verschwindende Wurzeln β erhält, da in $\bar{\Delta}(\beta)$ der von β unabhängige Summand verschwindet. Notwendig und hinreichend dafür ist, wie oben festgestellt, daß es entweder mindestens eine Eigenfunktion gibt, deren Ordinate an sämtlichen Knotenpunkten verschwindet, oder daß es mindestens zwei Eigenfunktionen gibt, deren Ordinaten an sämtlichen Knotenpunkten einander proportional sind. In den genannten Fällen sind entweder beide Bedingungen oder wenigstens eine von ihnen erfüllt.

Wir gehen wieder von dem eingliedrigen Ansatz $y = a_p \cdot \varphi^{(p)}(x)$ aus und nehmen an, daß wir $\alpha_{p\,p} = 0$ erhalten. Gleichung (167) ergibt dann für β den Wert Null, außer wenn gleichzeitig N_p verschwindet, d. h. $k = \lambda^{(p)}$ ist. In diesem Fall wird β unbestimmt. Die Bedeutung der formalen Lösungen unserer Gleichungen kann man nur durch Grenzbetrachtungen klären.

$\bar{p}$ möge der Index der ersten Eigenfunktion sein, bei der alle $f_\nu^{(\bar{p})}$ verschwinden. Wir denken uns das betreffende System ein wenig gestört (in den angeführten Beispielen etwa eine der Zwischenstützen ein wenig verschoben, so daß die Feldlängen nicht mehr alle gleich sind). Dann wird nach (168) $\alpha_{\bar{p}\bar{p}}$ positiv, wie klein die Störung auch sei. Bei kontinuierlich veränderlichem Kraftvielfachen k stellt also (167) eine Hyperbel mit sehr kleiner Brennweite und senkrechter Asymptote in $k = \lambda^{(\bar{p})}$ dar, deren Ordinaten für $k < \lambda^{(\bar{p})}$ negativ, für $k > \lambda^{(\bar{p})}$ positiv sind (vgl. Abb. 25). Da wir zu jedem k die kleinste positive Wurzel β suchen, scheidet der negative Hyperbelast bei der Untersuchung der Stabilität des Systems aus. Für $k < \lambda^{(\bar{p})}$ sind nur die Werte β, die von kleineren Eigenwerten als $\lambda^{(\bar{p})}$ herrühren, heranzuziehen. In Abb. 25 ist noch der betreffende Hyperbelast für $\lambda^{(\bar{p}-1)}$ angedeutet, und das so sich ergebende Stück der Knickgirlande stark ausgezogen. Stellen wir jetzt durch stetige Veränderungen des gestörten Systems das ursprüngliche System wieder her, so rückt $\alpha_{\bar{p}\bar{p}}$ gegen Null. Dabei schmiegt sich die Hyperbel für $\lambda^{(\bar{p})}$ immer enger in den rechten Winkel zwischen der senkrechten Asymptote und der k-Achse. Abb. 26 stellt die Grenzkurve für verschwindendes $\alpha_{\bar{p}\bar{p}}$

dar (stark ausgezogen). Der Wert $\beta = 0$, der sich aus (167) auch für $k < \lambda^{(\overline{p})}$ ergibt, spielt dort also für die Stabilitätsuntersuchung keine Rolle, da er Grenzwert negativer Werte von β ist. Dagegen folgt aus dem Grenzübergang, daß das System für jeden Wert von $k > \lambda^{(\overline{p})}$ bei endlichen Stützenwiderständen als instabil anzusehen ist. Denn dann ist der aus (167) sich ergebende Wert $\beta = 0$ der Grenzwert positiver Werte von β, also für die Stabilität entscheidend.

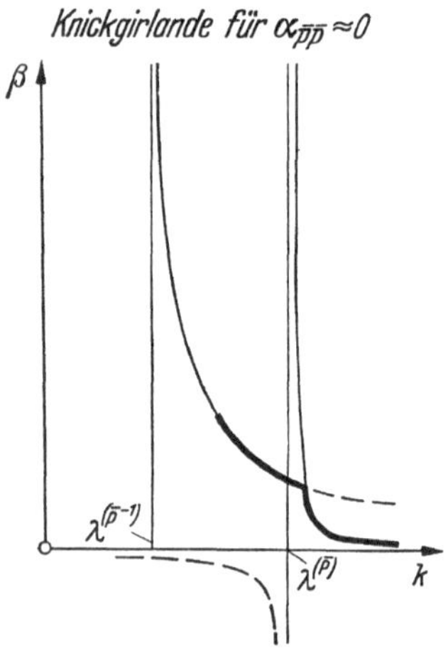

Abb. 25.

Es macht keine Mühe, diese Betrachtung auf Kombinationen beliebig vieler Eigenfunktionen und damit zugleich auf den Fall der Proportionalität der Knotenpunktsordinaten mehrerer Eigenfunktionen zu übertragen. Als allgemein gültig ergibt sich:

Erhält man bei der Rechnung nach dem Verfahren von Bleich für einen Wert von k verschwindende Wurzeln, $\beta = 0$, so muß man die Vorzeichen aller (zwei bzw. drei) Wurzeln an dieser Stelle bestimmen. Man stellt an Hand von (175) bzw. (181) fest, wieviele positive Wurzeln an dieser Stelle vorhanden sein müssen. Hat man ebensoviele positive, nicht verschwindende Wurzeln gefunden, so kann die Wurzel $\beta = 0$ nur Grenzwert negativer Werte von β sein und scheidet daher bei der Beurteilung der Stabilität des Systems aus. Hat man dagegen zu wenig positive Wurzeln gefunden, so muß eine Wurzel $\beta = 0$ Grenzwert positiver Werte von β sein, und das System ist bei der betreffenden Belastung k instabil.

Ergibt $k = k'$ die obere Grenze der Knicklast bei beliebig großen endlichen Stützenwiderständen, so folgt durch Grenzübergang zu unendlich festen Stützen, daß der Stab auch dann für $k > k'$ nicht stabil sein kann. Es folgt also weiter:

Der kleinste Wert von k, für den man auf die oben beschriebene Weise $\overline{\beta} = 0$ findet, entspricht der Knicklast des untersuchten Stabes bei festen Zwischenstützen, ist also gleich k^*.

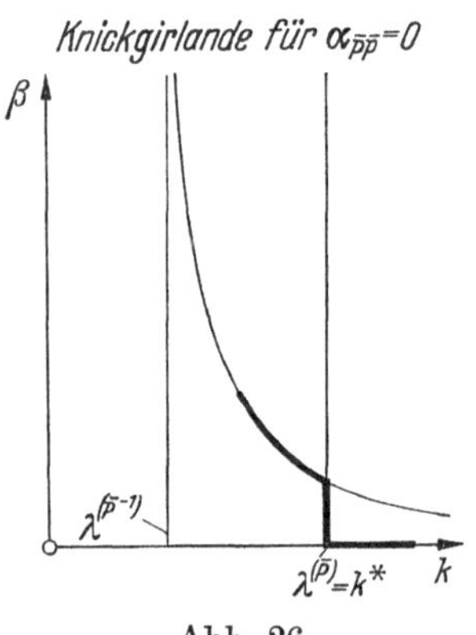

Abb. 26.

In diesem Falle kann demnach k^* unmittelbar mit Hilfe des Bleichschen Verfahrens berechnet werden, wie noch an Beispielen gezeigt werden soll [vgl. e) und f)]. Damit wird fast zur Gewißheit, daß man auch in den unsymmetrischen Fällen bei Berücksichtigung aller Eigenfunktionen für $\overline{\beta}^*$ den Grenzwert Null und damit auch die Grenzbelastung k^* für feste Zwischenstützen erhält.

e) Der symmetrische zweifeldrige Stab bei elastischer und fester Mittelstütze.

Ein zahlenmäßig leicht zu verfolgendes Beispiel liefert der gelenkig fest gelagerte, symmetrische Stab mit konstantem E, I, S und nur einer elastischen Zwischenstütze genau in der Mitte (vgl. Abb. 27a). Die Eigenwerte des Hilfsproblems sind dann

$$\lambda^{(i)} = i^2 \pi^2 \cdot \frac{E\,I}{4\,l^2\,S}$$

und die Eigenfunktionen des Hilfsproblems

$$\varphi^{(i)}(x) = \sin \frac{i\,\pi\,x}{2\,l}\,.$$

Alle Eigenfunktionen gerader Ordnung haben am Knoten die Durchbiegung Null (vgl. Abb. 27b) und alle Eigenfunktionen ungerader Ordnung abwechselnd ± 1. Nach (160) ist also

$$\begin{aligned}
\alpha_{11} &= \alpha_{33} = \alpha_{55} = \cdots = +A\,, & \alpha_{22} &= \alpha_{44} = \alpha_{66} = \cdots = 0\,,\\
\alpha_{13} &= \alpha_{35} = \alpha_{17} = \cdots = -A\,, & \alpha_{24} &= \alpha_{46} = \alpha_{26} = \cdots = 0\,,\\
\alpha_{15} &= \alpha_{37} = \alpha_{19} = \cdots = +A\,, & \alpha_{12} &= \alpha_{34} = \alpha_{14} = \cdots = 0\,.
\end{aligned}$$

Hier wird $\bar{p} = 2$ und daher der kritische Eigenwert

$$\lambda^{(2)} = \pi^2 \cdot \frac{E\,I}{l^2\,S}\,.$$

Nach den Untersuchungen des vorigen Abschnitts ist also der Stab für $k \geqq \pi^2 \cdot \frac{E\,I}{l^2\,S}$ als instabil anzusehen, welchen endlichen Wert der Stützenwiderstand A auch haben möge, und die Knickbelastung bei fester Mittelstütze ist gegeben durch

$$k^* = \lambda^{(2)} = \pi^2 \cdot \frac{E\,I}{l^2\,S}\,,$$

d. h. sie ist gleich der Eulerlast des Einzelfeldes bei gelenkig fest gestützt gedachten Endpunkten.

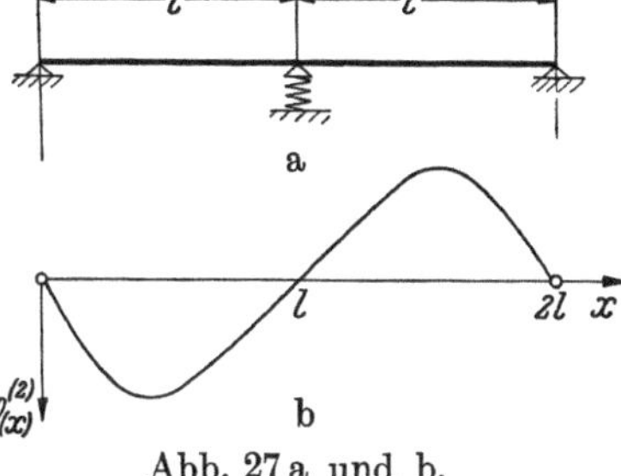

Abb. 27 a und b.

Wendet man dagegen die Stetigkeitsbedingungen in der Form der Gleichungen (9) an, so ergibt sich aus der Knickdeterminante dieser Gleichungen für $n = 2$, $M_0 = M_2 = 0$, $\eta_0 = \eta_1 = \eta_2 = 0$ und gleiches l, E, I und S in beiden Feldern [die Knickdeterminante wird dann einfach $2\,\psi' = 0$, vgl. (6)]

$$k_1^* = 2{,}0457\,\pi^2 \cdot \frac{E\,I}{l^2\,S}\,.$$

Dieser Wert ist mehr als doppelt so groß wie der soeben abgeleitete. Er entspricht der Knicklast des Einzelfeldes bei gelenkig fester Lagerung am einen Ende, bei fester Einspannung am anderen.

Bevor wir jedoch zu endgültigen Schlüssen kommen, müssen wir noch untersuchen, wie sich das Ergebnis ändert, wenn wir statt einzelner Eigenfunktionen Kombinationen mehrerer betrachten. Schon bei Kombinationen zu zweit erhalten wir in diesem Fall völlige grundsätzliche Klarheit.

Da das als Beispiel behandelte System (Abb. 27) im geometrischen Aufbau wie in der Belastung symmetrisch ist, brauchen nur rein symmetrische und rein antimetrische Kombinationen herangezogen zu werden. Für die Kombination 1, 3 folgt aus (172)

$$N_1\,N_3 \cdot \beta^2 + (N_1 + N_3)\,A \cdot \beta = 0\,, \qquad \beta_1 = 0\,, \qquad \beta_2 = \left(-\frac{1}{N_1} - \frac{1}{N_3}\right) \cdot A\,.$$

Allgemein haben wir in diesem Fall

$$\overline{N}_i = S \cdot \int_0^{2l} \left(\frac{d\,\varphi^{(i)}}{d\,x}\right)^2 d\,x = \frac{i^2\,\pi^2\,S}{4\,l^2} \cdot \int_0^{2l} \cos^2 \frac{i\,\pi\,x}{2\,l}\,d\,x = \frac{i^2\,\pi^2\,S}{4\,l}\,.$$

Also wird die zweite Wurzel

$$\beta_2 = \frac{4}{\pi^2} \cdot \left[\frac{1}{k - \lambda^{(1)}} - \frac{1}{9\,(\lambda^{(3)} - k)}\right] \cdot \frac{A\,l}{S}\,.$$

Diese Wurzel verschwindet für einen Wert von k im Intervall $\lambda^{(1)} < k < \lambda^{(3)}$, den man leicht berechnet zu

$$k_1^* = 2{,}050\,\pi^2 \cdot \frac{E\,I}{l^2\,S}\,.$$

Das ist mit großer Genauigkeit der oben aus den Gleichungen (9) für feste Mittelstütze abgeleitete Wert. Aus der Kombination 1, 3, 5 erhält man diese Nullstelle noch genauer zu

$$k_1^* = 2{,}047\,\pi^2 \cdot \frac{E\,I}{l^2\,S}\,.$$

Offenbar konvergiert also diese Nullstelle mit wachsender Zahl der berücksichtigten symmetrischen Eigenfunktionen gegen die Knicklast des Einzelfeldes bei gelenkig fester Lagerung am einen Ende und fester Einspannung am anderen.

Abb. 28 zeigt schematisch den Verlauf der Wurzel β_2, während β_1 beständig Null ist. Aus (175) wissen wir, daß es im Intervall $\lambda^{(1)} < k < \lambda^{(3)}$ immer genau eine positive Wurzel gibt, daß also $\beta_2 = 0$ für $k < k_1^*$ der Grenzwert negativer Werte von β ist, für $k > k_1^*$ dagegen der Grenzwert positiver Werte von β. Als Knickgirlande für symmetrisches Knicken ergibt sich also der in Abb. 28 stark ausgezogene Linienzug, und zwar unter Berücksichtigung beliebig vieler symmetrischer Eigenfunktionen. Dieses Ergebnis würde bedeuten, daß die Knicklast bei elastischer Mittelstütze mit unbegrenzt wachsendem Stützenwiderstand stetig in die des Einzelfeldes bei einseitig fester Einspannung und gelenkig fester Lagerung am anderen Ende übergeht.

Das Bild ändert sich jedoch, wenn wir auch die Möglichkeit antimetrischen Knickens berücksichtigen. Machen wir den Ansatz gleich für beliebig viele (t) antimetrische Eigenfunktionen, so ergibt sich aus (26)

$$(N_2 \cdot N_4 \cdot N_6 \cdot \cdots \cdot N_{2t}) \cdot \beta^t = 0 .$$

Das bedeutet, daß sämtliche Wurzeln β beständig verschwinden, außer wenn k gleich einem antimetrischen Eigenwert ist. Daraus folgt, daß für $k > \lambda^{(2)}$ die Stützensicherheit $\bar{\beta}$ beständig Null ist, da dann mindestens eine der Wurzeln $\beta = 0$ Grenzwert positiver Werte von β sein muß. Abb. 29 zeigt (die Knickgirlande stark ausgezogen) das maßstäblich genaue Bild für den Grenzfall der Berücksichtigung aller Eigenfunktionen. Berechnet man die Ordinate an der Stelle $k = \lambda^{(2)}$ unter Berücksichtigung aller symmetrischen Eigenfunktionen, so erhält man

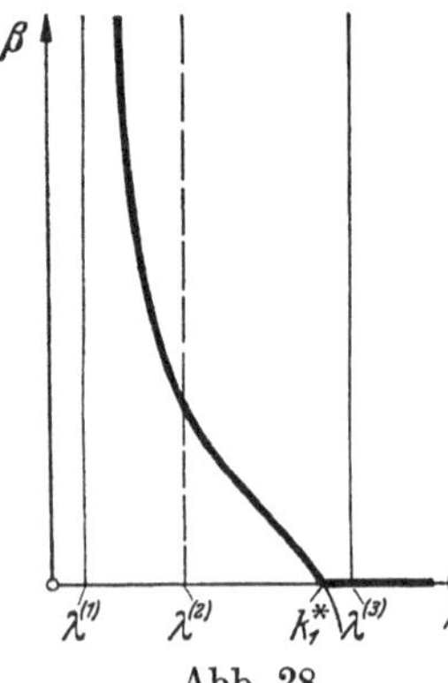

Abb. 28.

$$\beta(\lambda^{(2)}) = \frac{16}{\pi^4} \cdot \frac{l^3 A}{E I} \cdot \left(\frac{1}{4-1} - \frac{1}{9(9-4)} - \frac{1}{25(25-4)} - \cdots \text{ in inf.} \right).$$

Nun ist

$$\frac{1}{n^2(n^2-4)} = \frac{1}{4} \cdot \left[\frac{1}{n^2-4} - \frac{1}{n^2} \right] = \frac{1}{4} \cdot \left[\frac{1}{4} \left(\frac{1}{n-2} - \frac{1}{n+2} \right) - \frac{1}{n^2} \right].$$

Führen wir diese Zerlegung ein, so erhalten wir

$$\beta(\lambda^{(2)}) = \frac{4 l^3 A}{\pi^4 E I} \cdot \left\{ 1 + \frac{1}{9} + \frac{1}{25} + \frac{1}{49} + \cdots \text{ in inf.} \right.$$
$$+ \frac{1}{3}$$
$$\left. - \frac{1}{4} \cdot \left[\left(1 - \frac{1}{5}\right) + \left(\frac{1}{3} - \frac{1}{7}\right) + \left(\frac{1}{5} - \frac{1}{9}\right) + \cdots \text{ in inf.} \right] \right\}.$$

Man erkennt, daß sich in der eckigen Klammer paarweis die positiven und negativen Summanden aufheben, mit Ausnahme von $1 + \frac{1}{3} = \frac{4}{3}$. Sodann ergibt sich $\frac{1}{3} - \frac{1}{4} \cdot \frac{4}{3} = 0$, und es bleibt nur die erste Reihe, die bekanntlich (vgl. z. B. die Formelsammlung von Laska, Braunschweig 1888—1894, S. 30, 4) die Summe $\pi^2/8$ hat. Also ist

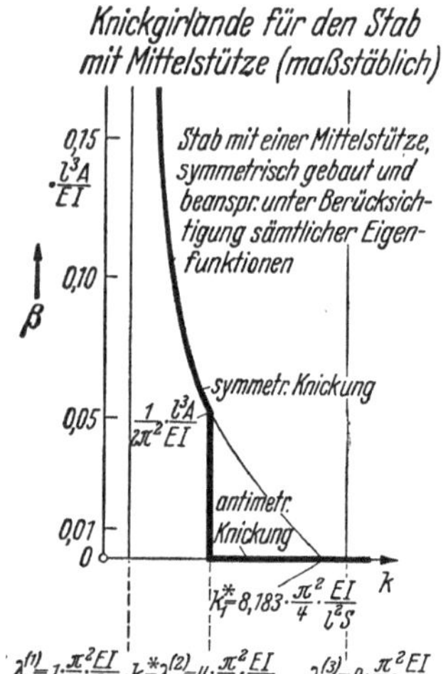

$$\beta(\lambda^{(2)}) = \frac{1}{2\pi^2} \cdot \frac{l^3 A}{E I} = 0{,}0507 \cdot \frac{l^3 A}{E I} .$$

Knickgirlande für den Stab mit Mittelstütze (maßstäblich)

Abb. 29.

Insbesondere ist dabei zu bemerken, daß diese Ordinate nicht etwa mit wachsender Zahl der berücksichtigten Eigenfunktionen gegen Null konvergiert.

Aus unserer Rechnung folgt: Bei endlichen Stützenwiderständen kann der Stab nur stabil sein, wenn $k < \lambda^{(2)}$, d. h. $k \cdot S < \pi^2 \cdot \frac{EI}{l^2}$ ist, also wenn die Belastung kleiner als die Eulerlast des (an beiden Enden gelenkig fest gelagert gedachten) einzelnen Feldes ist. Bringt man dann den Stab durch Verminderung des Stützenwiderstandes an die Knickgrenze, so knickt er symmetrisch aus. Ebenso knickt er symmetrisch aus, wenn man ihn durch Vergrößerung der Stabkraft an die Knickgrenze bringt, sofern der Stützenwiderstand $A < 2\pi^2 \cdot \frac{EI}{l^3}$ ist. Ist dagegen der Stützenwiderstand $A > 2\pi^2 \cdot \frac{EI}{l^3}$ und steigert man die Stabkraft bis zur Eulerlast des Einzelfeldes, $k \cdot S = \pi^2 \cdot \frac{EI}{l^2}$, so wird der Stab instabil.

Bei der geringsten weiteren Steigerung der Stabkraft knickt der Stab in einer reinen Sinuslinie antimetrisch (mit zwei Halbwellen) aus, welchen endlichen Wert auch der Stützenwiderstand A oberhalb der angegebenen Schranke haben möge (vgl. Abb. 27b).

Aus den Untersuchungen des vorigen Abschnitts folgt weiter, daß auch bei fester Mittelstütze die Knicklast unseres Stabes $k^* \cdot S = \pi^2 \cdot \frac{EI}{l^2}$ und seine Biegelinie eine antimetrische Sinuslinie mit zwei Halbwellen ist.

Dieses Ergebnis ist seit längerer Zeit bekannt (vgl. z. B. „R“, S. 280/282) und wird im übrigen durch Laboratoriumsversuche bestätigt. Beachtenswert ist jedoch, daß sich aus dem Bleichschen Verfahren ergibt, daß der Stab schon bei genügend großem endlichen Widerstand der Mittelstütze die gleiche Knicklast besitzt und wie ein Stab mit fester Mittelstütze, d. h. ohne Nachgeben der Stütze, ausknickt. Aus den Überlegungen des vorigen Abschnitts folgt unmittelbar, daß für einen Stab mit beliebig vielen einfeldrigen Öffnungen, der die notwendigen Symmetriebedingungen erfüllt, grundsätzlich das gleiche gilt. Auch in diesem Fall ist das Ergebnis für feste Zwischenstützen seit längerer Zeit bekannt (vgl. z. B. „R“, S. 272/273 und S. 282/287). Aber auch hier ist bemerkenswert, daß nach unseren Ergebnissen der elastisch gestützte Stab bei genügender Stärke der Zwischenstützen bereits die gleiche Knicklast wie der fest gestützte Stab besitzt und wie dieser, also ohne Nachgeben der Zwischenstützen ausknickt. Es wäre zu wünschen, daß diese Ergebnisse des Bleichschen Verfahrens einmal durch Laboratoriumsversuche geprüft würden.

f) Der n-feldrige Stab mit festen Zwischenstützen bei gleichen Feldlängen und konstantem E, I, S.

Aus der formalen Anwendung der Gleichungen (9) auf den symmetrischen zweifeldrigen Stab mit fester Mittelstütze hatten wir einen zu großen Knickwert k_1^* erhalten. Bei dieser Ableitung muß also eine kleinere positive Wurzel der Gleichung $\Delta(\lambda) = 0$ verloren gegangen sein. In der Tat folgt unsere Lösung auch aus den Ansätzen des § 2, wenn man die Ableitung der Gleichungen (9) beachtet. Die Rechnung soll hier für eine beliebige Zahl der (stets einfeldrig gedachten) Öffnungen durchgeführt werden. Ihre Zahl sei n.

Setzt man zur Bestimmung der Integrationskonstanten A_ν und B_ν in (5) für den Stab mit festen Zwischenstützen ($\eta_\nu = 0$ für alle ν) die Bedingung $y_\nu(0) = y_\nu(l_\nu) = 0$ an, so folgt

$$\text{(a)} \qquad B_\nu = -\frac{1}{\lambda S_\nu} \cdot M_{\nu-1}$$

$$\text{(b)} \qquad A_\nu \cdot \sin z_\nu = +\frac{1}{\lambda S_\nu} \cdot M_{\nu-1} \cdot \cos z_\nu - \frac{1}{\lambda S_\nu} \cdot M_\nu .$$

Die zweite Gleichung läßt zwei Möglichkeiten zu:

1. $\sin z_\nu \neq 0$. Diese Möglichkeit führt zu den Gleichungen (6) und ergibt für $n = 2$ bei konstantem E, I, S und $l_1 = l_2$ die im vorigen Abschnitt abgeleitete Knicklast $k_1^* \cdot S$.

2. $\sin z_\nu = 0$. Diese Annahme macht die Gleichungen (6) unmöglich. Sie ergibt $z_\nu = i\pi$ ($i = 1, 2, 3, \ldots$), nach (4) sodann $\lambda^{(i)} = i^2 \pi^2 \cdot \frac{E_\nu I_\nu}{S_\nu l_\nu^2}$. Der kleinste positive Wert von λ ergibt sich für $i = 1$, nämlich $\lambda^{(1)} = \pi^2 \cdot \frac{E_\nu I_\nu}{S_\nu l_\nu^2}$. Da λ für alle Felder das gleiche ist, ist diese Lösung für alle Felder gleichzeitig (auf diesen Fall wollen wir uns hier beschränken) dann und nur dann möglich, wenn $\frac{EI}{Sl^2}$ in allen Feldern den gleichen Wert hat, also insbesondere dann, wenn alle Felder gleiche Länge, gleiches E, I und S haben. Aus Gleichung (b) folgt mit $\sin z_\nu = 0$

$$\text{(c)} \qquad A_\nu \quad \text{beliebig}$$

$$\text{(d)} \qquad M_\nu = -M_{\nu-1} \quad \text{für alle } \nu$$

und daraus für den Stab mit gelenkig fest gelagerten Enden ($M_0 = M_n = 0$)

(e) $$M_0 = M_1 = M_2 = \cdots = M_{n-1} = M_n = 0\,.$$

Aus Gleichung (a) ergibt sich damit

(f) $$B_\nu = 0 \qquad \text{für alle } \nu$$

und aus Gleichung (2), da alle η_ν verschwinden,

(g) $$Q_\nu = 0 \qquad \text{für alle } \nu\,.$$

Setzt man unter Berücksichtigung von (e), (f) und (g) nach Gl. (5) die Bedingung für die Stetigkeit der Tangente am Knoten ν an, $y'_{\nu-1}(l) = y'_\nu(0)$, so folgt

(h) $$A_1 = -A_2 = A_3 = -A_4 = \cdots = (-1)^{n-1}\cdot A_n = A\,.$$

Die Biegelinie wird mithin nach (5)

(i) $$\left|\begin{array}{l} y_1 = +A\cdot\sin\frac{\pi x_1}{l} \\ y_2 = -A\cdot\sin\frac{\pi x_2}{l} \\ y_3 = +A\cdot\sin\frac{\pi x_3}{l} \\ \vdots \qquad\quad \vdots \end{array}\right| \qquad A \text{ beliebig.}$$

Das aber ist bei einem n-feldrigen Stab eine reine Sinuslinie mit n Halbwellen (für $n = 2$ in Abb. 27b, dargestellt). Diese Knicklinie erhielten wir für die Knicklast

(k) $$k^*\cdot S = \lambda^{(1)}\cdot S = \pi^2\cdot\frac{EI}{l^2}\,.$$

Diese Belastung ist kleiner als die aus der ersten Möglichkeit, $\sin z_\nu \neq 0$ sich ergebende Knicklast. Für den zweifeldrigen Stab ist diese, wie wir wissen, $k_1^*\cdot S = 2{,}0457\,\pi^2\cdot\frac{EI}{l^2}$, und auch für jede andere Felderzahl ist sie größer als $\pi^2\cdot\frac{EI}{l^2}$. Daraus folgt, daß die aus $\sin z_\nu \neq 0$ gewonnene Knickfigur instabil ist, daß die tatsächliche Knicklast die durch Gleichung (k) bestimmte, und die wirkliche Knicklinie die durch die Gleichungen (i) dargestellte ist, übereinstimmend mit dem aus dem Bleichschen Verfahren in der Grenze für unendlich starke Zwischenstützen gewonnenen Ergebnis.

§ 12. Die Biegelinie.

a) Knicken durch proportionale Verminderung der Stützenwiderstände.

Wir hatten [vgl. (182) und (186)] bei doppelten Stabkräften ($k = 2$) die kleinste positive Wurzel $\bar\beta$, also die Stützensicherheit des untersuchten Stabes zu 9,2720809 gefunden. Sie ergab sich bei der Kombination 1, 2, 3. Führen wir den Stab dadurch an die Knickgrenze, daß wir die Stützenwiderstände auf den 9,27-ten Teil herabsetzen, so knickt er demnach mit einer Biegelinie aus, die im Rahmen aller Kombinationen zu dritt am genauesten dargestellt wird durch den Ansatz

(188) $$y(x) = a_1\cdot\varphi^{(1)}(x) + a_2\cdot\varphi^{(2)}(x) + a_3\cdot\varphi^{(3)}(x)\,.$$

Dabei sind die Beiwerte a_1, a_2, a_3, nach (21) — doppelte Stabkräfte vorausgesetzt — durch folgende Gleichungen bestimmt:

(189) $$\left|\begin{array}{l} (\alpha_{11} + N'_1\bar\beta)\cdot a_1 + \alpha_{12}\cdot a_2 + \alpha_{13}\cdot a_3 = 0 \\ \alpha_{21}\cdot a_1 + (\alpha_{22} + N'_2\bar\beta)\cdot a_2 + \alpha_{23}\cdot a_3 = 0 \\ \alpha_{31}\cdot a_1 + \alpha_{32}\cdot a_2 + (\alpha_{33} + N'_3\bar\beta)\cdot a_3 = 0\,. \end{array}\right.$$

Für die α_{ij} sind darin die Werte der Tabelle I, für die N_i' die Werte der Tabelle K zu setzen, für β der Wert (186) bzw. (182). Wir erhalten also die folgenden Gleichungen:

$$(190)\quad \left\{\begin{aligned} &+ 12738{,}5402 \cdot a_1 + 8184{,}3822 \cdot a_2 + 2086{,}2719 \cdot a_3 = 0\\ &+ 8184{,}3822 \cdot a_1 + 5401{,}4714 \cdot a_2 + 1738{,}0603 \cdot a_3 = 0\\ &+ 2086{,}2719 \cdot a_1 + 1738{,}0603 \cdot a_2 + 1446{,}7746 \cdot a_3 = 0. \end{aligned}\right.$$

Mittels zweier dieser Gleichungen kann man zwei der drei Unbekannten durch die dritte ausdrücken, die als willkürlich bleibender Proportionalitätsfaktor in das Ergebnis eingeht. Die überzählige Gleichung muß mit den so bestimmten Werten zu einer Identität werden. Das Ergebnis ist

$$(191)\quad \left\{\begin{aligned} a_1 &= -0{,}58355726 \cdot a_2\\ a_2 &= +1 \cdot a_2\\ a_3 &= -0{,}35983557 \cdot a_2. \end{aligned}\right.$$

Dabei haben wir denjenigen der Werte a_i, der sich als der größte ergab, zum gemeinsamen Proportionalitätsfaktor gewählt. Nach (188) erhalten wir nun für die Biegelinie

$$(192)\quad \left\{\begin{aligned} y(x) = [&-0{,}58355726 \cdot \varphi^{(1)}(x) +\\ &+ \varphi^{(2)}(x) - 0{,}35983557 \cdot \varphi^{(3)}(x)] \cdot a_2. \end{aligned}\right.$$

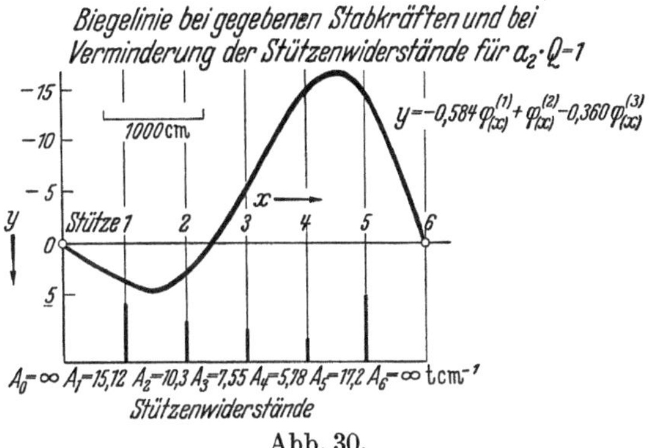

Abb. 30.

In (141) fanden wir, daß die $\varphi^{(i)}$ den willkürlich bleibenden gemeinsamen Proportionalitätsfaktor Q haben. In (192) ist also insgesamt der Proportionalitätsfaktor $Q \cdot a_2$ willkürlich. Wir erhalten demnach nur ein affines Bild der Biegelinie, nicht diese selbst, insbesondere auch kein Maß für die absolute Größe der tatsächlich eintretenden Durchbiegungen. Das kann nicht anders sein, nachdem wir eingangs [vgl. die Bemerkungen zu Gleichung (3)] den Differentialausdruck für die Krümmung näherungsweise durch y'' ersetzt haben.

Nach (192) können wir nunmehr auch das affine Bild der Biegelinie beliebig genau zeichnen. In Abb. 30 ist die Biegelinie dargestellt. Dabei wurde der willkürlich bleibende Faktor $Q \cdot a_2$ gleich 1 gesetzt. Im übrigen hat Abb. 30 denselben Maßstab wie die Abb. 12, 13, 14 derjenigen Eigenfunktionen, aus deren Superposition die Biegelinie entsteht. Diese vier Abbildungen sind also unmittelbar miteinander vergleichbar. Abb. 30 wurde folgendermaßen gewonnen: Zunächst wurden die Durchbiegungen η_ν an den elastischen Stützen berechnet, indem in (192) für die $\varphi^{(i)}$ ihre Werte an den Stützen, $f_\nu^{(i)}$, nach (148), (150), (152) eingesetzt wurden. Es ergab sich

$$(193)\quad \left\{\begin{aligned} \eta_1 &= +3{,}878935 \cdot Q \cdot a_2\\ \eta_2 &= +3{,}093539 \cdot Q \cdot a_2\\ \eta_3 &= -5{,}106015 \cdot Q \cdot a_2\\ \eta_4 &= -14{,}893717 \cdot Q \cdot a_2\\ \eta_5 &= -14{,}527710 \cdot Q \cdot a_2 \end{aligned}\right.$$

Ferner wurden durch Differentiation von (192) und Einsetzen der Werte $f_\nu^{(i)\prime}$ aus (149), (151), (153) die Tangentenneigungen η_ν' an den Stützpunkten bestimmt:

$$(194)\quad \left\{\begin{aligned} \eta_0' &= +0{,}007614272 \cdot Q \cdot a_2\\ \eta_1' &= +0{,}004162933 \cdot Q \cdot a_2\\ \eta_2' &= -0{,}008474656 \cdot Q \cdot a_2\\ \eta_3' &= -0{,}018078056 \cdot Q \cdot a_2\\ \eta_4' &= -0{,}011399034 \cdot Q \cdot a_2\\ \eta_5' &= +0{,}014793771 \cdot Q \cdot a_2\\ \eta_6' &= +0{,}029413522 \cdot Q \cdot a_2 \end{aligned}\right.$$

Die sehr genaue Zeichnung der drei ersten Eigenfunktionen in Abb. 12, 13, 14 erlaubte aber außerdem, noch andere Werte $\varphi^{(i)}(x)$ mit ziemlicher Sicherheit auf zwei Dezimalstellen genau abzulesen und damit fast ohne Rechenarbeit aus (192) weitere Werte $y(x)$ zu gewinnen. Auf diese Weise wurden als dritter Anhalt für die Zeichnung die Ordinaten in den Feldmitten bestimmt. Bezeichnen wir die Ordinate in der Mitte zwischen den Stützen ν und $(\nu + 1)$ mit $y_{\nu,\,\nu+1}$, so war das Ergebnis

$$(195)\qquad \left\{\begin{aligned} y_{01} &= +\ \ 2{,}16 \cdot Q \cdot a_2 \\ y_{12} &= +\ \ 4{,}87 \cdot Q \cdot a_2 \\ y_{23} &= -\ \ 0{,}32 \cdot Q \cdot a_2 \\ y_{34} &= -10{,}16 \cdot Q \cdot a_2 \\ y_{45} &= -16{,}53 \cdot Q \cdot a_2 \\ y_{56} &= -\ \ 8{,}11 \cdot Q \cdot a_2 \end{aligned}\right.$$

Mit den Ordinaten (193) und (195) und den Tangenten (194) konnte die Biegelinie sehr genau gezeichnet werden. Die Stärke der Komponente $\varphi^{(2)}$ ist offensichtlich, die Kurve hat ausgesprochen zweiwelligen Charakter, während wir nach Bleich gemäß den aus der Engeßer-Formel (23) gewonnenen Werten der Tabelle C vier Halbwellen zu erwarten gehabt hätten.

Auffallend am Bilde der Biegelinie ist, daß sie in der rechten Stabhälfte wesentlich stärker ausbiegt als in der linken, während bei sämtlichen Eigenfunktionen des Hilfsproblems die Amplituden vom linken zum rechten Stabende hin im Durchschnitt erheblich abnehmen (vgl. Abb. 12 bis 19). Mathematisch rührt das von den beiden Minuszeichen in (192) her. Sie bewirken, daß sich am linken Ende, wo alle drei Eigenfunktionen das gleiche Vorzeichen haben, die großen Beträge gegeneinander fortheben, während am rechten Ende, wo $\varphi^{(1)}$ und $\varphi^{(3)}$ entgegengesetztes Vorzeichen wie $\varphi^{(2)}$ haben, sich die kleineren Beträge addieren. Physikalisch hängt das zweifellos damit zusammen, daß die Stützenwiderstände A_3 und A_4 wesentlich schwächer sind als alle anderen (vgl. Tabelle A und Abb. 30). Diese Tatsache konnte bei den Eigenfunktionen deshalb nicht zum Ausdruck kommen, weil sie aus einem Hilfsproblem gewonnen wurden, das gerade von sämtlichen elastischen Stützen abstrahierte. Es ist außerordentlich aufschlußreich, durch den Vergleich der Abb. 12 bis 19 mit Abb. 30 zu beobachten, wie stark und in welchem Sinne das Bild sich in dem Augenblick ändert, in dem der Einfluß der Stützen erstmalig in die Rechnung eingeführt wird. Solange man keine Stützen hat, wird die Wirkung des Anwachsens der Stabkräfte nach dem rechten Ende zu mehr als ausgeglichen durch die Zunahme der Trägheitsmomente. Zwei relativ starke Stützen am linken Ende, eine wesentlich schwächere in der Mitte und eine noch schwächere als nächste rechts neben ihr genügen, um den Einfluß der Trägheitsmomente so stark aufzuheben, daß das Bild sich genau umkehrt, der Einfluß des Anwachsens der Stabkräfte zu voller Geltung kommt. Eine solche Möglichkeit, durch die Rechnung nicht nur Ergebnisse zu erzielen, sondern zugleich die Wirksamkeit der verschiedenen Faktoren gegeneinander abzuwägen, ist sehr wertvoll und gestattet unter Umständen weitgehende Folgerungen für die konstruktive Gestaltung.

b) Konstruktive Folgerungen.
Beliebige, nicht proportionale Änderung der Stützenwiderstände.

Die Eigenheit des Bleichschen Verfahrens, die Stützenwiderstände erst ganz zum Schluß in die Rechnung einzuführen, macht es möglich, mit sehr wenig Rechenarbeit den Einfluß einer beliebigen, nicht mehr proportionalen Änderung der Stützenwiderstände auf das elastische System zu prüfen. Wir erhalten dann zwar ein ganz anderes Problem, und die Abb. 21 bis 24 und die ihnen entsprechenden Rechnungen sind dann nicht mehr verwendbar. Aber das Hilfsproblem, das mehr als neun Zehntel der Arbeit beansprucht, bleibt das gleiche. Damit bleiben die Eigenwerte und Eigenfunktionen sowie die N_i unverändert, und ebenso gehören zu jedem Wert von k dieselben Werte N_i wie vorher. Einzig die Größen α_{ij} sind nach (160) mit den neuen Werten A_ν neu zu berechnen und aus den neuen α_{ij} und den alten N_i das neue β zu bestimmen.

Man kann etwa die Aufgabe stellen, die Konstruktion so zu ändern, daß eine bestimmte, z. B. die errechnete Stützensicherheit 9,27 mit durchschnittlich möglichst schwachen Stützen erreicht wird. In vielen Fällen wird das Materialersparnis bedeuten. Unsere Biegelinie (Abb. 30) zeigt, daß die rechte Stabhälfte erheblich stärker ausgebogen wird als die linke. Wir wollen als Beispiel prüfen, wie sich das Verhältnis von Stützensicherheit und mittlerer Stützenstärke ändert, wenn wir die Durchbiegungen der beiden Stabhälften möglichst ausgleichen.

Offenbar ist die Stütze 4 diejenige Stütze, auf deren Verstärkung es in erster Linie ankommt. Gleichzeitig wird man die Stützen 1 und 2 nachgiebiger machen. Es wurden daher zunächst alle Zwischenstützen gleich stark angenommen, und zwar der guten Vergleichbarkeit wegen gleich dem arithmetischen Mittel der ursprünglichen Stützenwiderstände:

$$A_\nu = 11{,}19 \text{ t cm}^{-1} \quad (\nu = 1, 2, \ldots, 5). \tag{196}$$

Ein allen Stützenwiderständen gemeinsamer Proportionalitätsfaktor ist, wie wir wissen, gegebenenfalls nachträglich in einfachster Weise zu berücksichtigen. Rechnen wir wieder mit zweifacher Sicherheit ($k = 2$), so wissen wir — da das Hilfsproblem das gleiche bleibt —, daß nur die Kombinationen 1, 2, 3 und 2, 3, 4 in Frage kommen können. Wir brauchen also die α_{ij} nur bis α_{44} zu berechnen. Es ergibt sich

$$\left\{\begin{array}{ll} \alpha_{11} = +\,2229{,}34\cdot A & \\ \alpha_{12} = +\,\;795{,}71\cdot A & \alpha_{22} = +\,693{,}14\;\cdot A \\ \alpha_{13} = +\;\;96{,}82\cdot A & \alpha_{23} = +\,125{,}94\;\cdot A \\ & \alpha_{24} = +\;\;74{,}311\cdot A \\ \alpha_{33} = +\;\;76{,}542\cdot A & \\ \alpha_{34} = +\;\;34{,}169\cdot A & \alpha_{44} = +\;\;47{,}205\cdot A \end{array}\right. \tag{197}$$

Daraus folgt

$$\left\{\begin{array}{ll} \text{Kombination } 1, 2, 3 & \bar\beta_1 = \;\;8{,}69 \\ \text{Kombination } 2, 3, 4 & \bar\beta_2 > 13{,}01 \end{array}\right. \tag{198}$$

Also $\beta = \bar\beta_1 = 8{,}69$. Die Stützensicherheit ist etwas geringer geworden. Für die Biegelinie erhält man

$$y = [-0{,}467 \cdot \varphi^{(1)}(x) + \varphi^{(2)}(x) - 0{,}735 \cdot \varphi^{(3)}(x)] \cdot a_2. \tag{199}$$

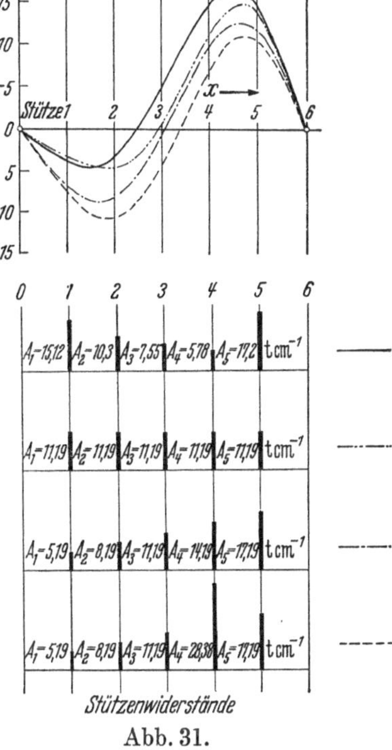

Abb. 31.

Das Bild der Biegelinie ist (—··—) in Abb. 31 zugleich mit unserer früheren Biegelinie (stark ausgezogen) dargestellt. Man sieht, daß die Ausbiegung des Stabes schon wesentlich ausgeglichener ist als vorher. Aber offenbar ist Stütze 4 immer noch relativ zu schwach.

Es wurde daher weiter mit linear von links nach rechts zunehmenden Stützenwiderständen gerechnet, derart daß das arithmetische Mittel wieder 11,19 t cm^{-1} ist:

$$A_1 = 5{,}19 \quad A_2 = 8{,}19 \quad A_3 = 11{,}19 \quad A_4 = 14{,}19 \quad A_5 = 17{,}19 \;(\text{t cm}^{-1}). \tag{200}$$

Es ergibt sich

$$\left\{\begin{array}{lll} \alpha_{11} = +\,24551 & \alpha_{22} = +\,5644 & \alpha_{33} = +\,589{,}7 \\ \alpha_{12} = +\;\;5662{,}5 & \alpha_{23} = +\;\;539{,}0 & \alpha_{34} = +\,115{,}26 \\ \alpha_{13} = +\;\;\;323{,}5 & \alpha_{24} = +\;\;334{,}9 & \alpha_{44} = +\,361{,}72 \end{array}\right. \tag{201}$$

$$\left\{\begin{array}{ll} \text{Kombination } 1, 2, 3 & \bar\beta_1 = 11{,}22 = \beta \\ \text{Kombination } 2, 3, 4 & \bar\beta_2 > \bar\beta_1 \end{array}\right. \tag{202}$$

$$y = [-0{,}3745 \cdot \varphi^{(1)}(x) + \varphi^{(2)}(x) - 0{,}3804 \cdot \varphi^{(3)}(x)] \cdot a_2. \tag{203}$$

Die Stützensicherheit ist also wesentlich größer geworden. Reduziert man sie durch proportionale Änderung der Stützenwiderstände auf 9,27, so erhält man, als Mittel der Stützenwiderstände 9,24, eine wesentlich günstigere Zahl als die ursprüngliche (11,19). Man erkennt deutlich den Einfluß der Verteilung der Stützenwiderstände auf die Sicherheit des Gesamtsystems. Die Biegelinie ist ebenfalls in Abb. 31 eingetragen (—·—). Der Ausgleich der Durchbiegungen der beiden Stabhälften ist jetzt schon beinahe erreicht. Um ihn völlig herzustellen, muß Stütze 4 noch stärker gemacht werden, während offenbar eine Verstärkung der Stütze 5 so gut wie nichts ausmacht.

Es wurde daher weiter der Widerstand der Stütze 4 verdoppelt, alle anderen Stützen dagegen unverändert wie im letzten Falle beibehalten:

$$A_4 = 28{,}38 \text{ t cm}^{-1}, \text{ alle anderen } A_\nu \text{ wie in (200).} \tag{204}$$

Das arithmetische Mittel wurde in diesem Falle nicht auf den früheren Wert reduziert, um die Wirkung der Änderung einer einzigen Stütze anschaulich zu machen. Die α_{ij} sind jetzt in einfachster Weise aus den letzten Werten (201) zu gewinnen, indem man zu jedem α_{ij} in (201) noch einmal den aus der letzten Rechnung schon bekannten Summanden $+ 14{,}19 \cdot f_4^{(i)} f_4^{(j)}$ addiert. Man findet:

$$\left\{\begin{array}{lll} \alpha_{11} = +31956 & \alpha_{22} = +5710 & \alpha_{33} = +628{,}44 \\ \alpha_{12} = +\;4964{,}0 & \alpha_{23} = +\;589{,}5 & \alpha_{34} = +\;37{,}86 \\ \alpha_{13} = -\;\;212{,}0 & \alpha_{24} = +\;234{,}1 & \alpha_{44} = +516{,}62 \end{array}\right. \tag{205}$$

$$\left\{\begin{array}{ll} \text{Kombination } 1, 2, 3 & \bar\beta_1 = 14{,}00 = \bar\beta \\ \text{Kombination } 2, 3, 4 & \bar\beta_2 > \bar\beta_1 \end{array}\right. \tag{206}$$

$$y = [-0{,}2567 \cdot \varphi^{(1)}(x) + \varphi^{(2)}(x) - 0{,}502 \cdot \varphi^{(3)}(x)] \cdot a_2 . \tag{207}$$

Auch diese Biegelinie ist in Abb. 31 (— — —) eingetragen. Der Ausgleich der Durchbiegungen ist jetzt vollständig gelungen. Stütze 4 ist nun relativ stark genug, um den Einfluß der von links nach rechts anwachsenden Stabkräfte auszugleichen. Reduziert man die Stützensicherheit auf den ursprünglichen Wert 9,27, d. h. multipliziert man alle Stützenwiderstände mit 9,27/14,00 = 0,662, so erhält man als Mittel der Stützenwiderstände 9,3, also etwas mehr als im vorigen Fall. Die linear von links nach rechts zunehmenden Stützenwiderstände ergeben demnach in diesem Falle die gewünschte Stützensicherheit bei dem geringsten Durchschnittswert der Stützenwiderstände.

c) Knicken durch proportionale Vergrößerung der Stabkräfte.

Wir fragen nunmehr, wann und wie unser Stab ausknickt, wenn wir die ursprünglichen Stützenwiderstände unverändert beibehalten, aber die Stabkräfte proportional anwachsen lassen. Wir erhalten die Knicklast $\bar k$, wie wir wissen, wenn wir in Abb. 24 (oder in Abb. 23) die Abszisse aufsuchen, an der die Knickgirlande die Ordinate $\bar\beta = 1$ hat. Wir finden

$$\bar k = 6{,}03 \tag{208}$$

und stellen fest, daß dieser Wert von der Kombination 3, 4, 5 geliefert wird. Der Stab knickt also mit den gegebenen Stützenwiderständen beim 6,03-fachen der Belastung aus, die unserer Rechnung zugrunde lag (Tabelle A, § 1), d. h., er hat im üblichen Sinne die Knicksicherheit 6,03. Die Biegelinie, mit der er beim Überschreiten dieser Belastung ausknickt, erhalten wir aus dem Ansatz

$$y = a_3 \cdot \varphi^{(3)}(x) + a_4 \cdot \varphi^{(4)}(x) + a_5 \cdot \varphi^{(5)}(x) \tag{209}$$

durch Auflösen des Gleichungssystems

$$\left\{\begin{array}{llll} [\alpha_{33} + (\lambda^{(3)} - k)\cdot \bar N_3 \cdot \beta]\cdot a_3 + & \alpha_{34}\cdot a_4 & + \;\; \alpha_{35}\cdot a_5 & = 0 \\ \alpha_{43}\cdot a_3 & + [\alpha_{44} + (\lambda^{(4)} - k)\cdot \bar N_4 \cdot \beta]\cdot a_4 + & \alpha_{45}\cdot a_5 & = 0 \\ \alpha_{53}\cdot a_3 & + \;\; \alpha_{54}\cdot a_4 & + [\alpha_{55} + (\lambda^{(5)} - k)\cdot \bar N_5 \cdot \beta]\cdot a_5 & = 0 \end{array}\right. \tag{210}$$

mit $k = \bar k = 6{,}03$ und $\beta = 1$. Man erhält

$$y = [-0{,}570038 \cdot \varphi^{(3)}(x) + \varphi^{(4)}(x) - 0{,}487967 \cdot \varphi^{(5)}(x)] \cdot a_4 . \tag{211}$$

Die Biegelinie ist in Abb. 32 dargestellt. Die relative Schwäche der Stütze 4 ist wieder deutlich erkennbar. Das Ausknicken erfolgt in diesem Falle mit 4 Halbwellen, in ausgezeichneter Übereinstimmung mit den aus der Engeßer-Formel (23) gewonnenen Werten (vgl. Tabelle C, § 5). Aus der Abbildung lesen wir weiter ab, daß die kleinste Halbwellenlänge etwa 740 cm entspricht, die größte etwa 1040 cm. Auch das stimmt gut mit den nach Engeßer gewonnenen Überschlagswerten der Tabelle C überein. Dagegen zeigt sich, daß die Empfehlung von F. und H. Bleich, nach dieser Formel überschlägig zu bestimmen, bei welcher Halbwellenzahl wir die kleinste Wurzel $\bar{\beta}$ finden werden, irreführend ist. Denn diese kleinste Wurzel $\bar{\beta}$ ergibt sich nicht aus der Kombination von Eigenfunktionen, mit der der Stab bei Anwachsen der Stabkräfte ausknickt (diese Wellenzahl allein kann die Engeßer-Formel liefern), sondern aus derjenigen Kombination, mit der er bei Abschwächung der Stützenwiderstände ausknickt. Wollte man nur feststellen, ob das System mindestens die geforderte zweifache Knicksicherheit besitzt — und auf diese Feststellung wird man sich in praktischen Fällen meist beschränken wollen — so würde man durch die Verwendung der Engeßer-Formel in dem von Bleich empfohlenen Sinne geradezu zu unnützer Rechenarbeit, nämlich zur Berechnung unverwendbarer Eigenwerte und Eigenfunktionen verleitet.

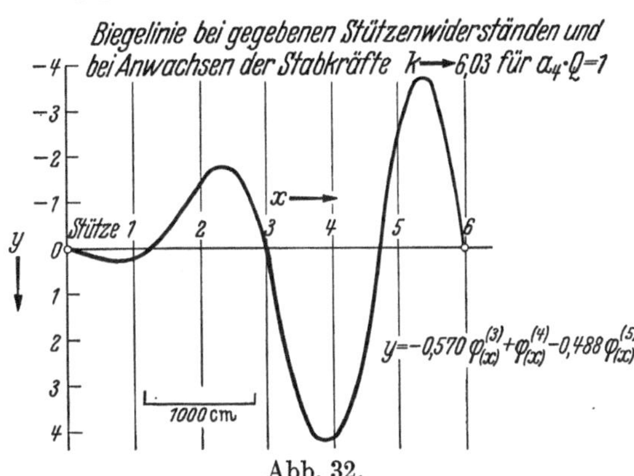

Abb. 32.

d) Die Biegelinie bei festen Zwischenstützen.

Wir wissen aus früheren Überlegungen, daß unsere Rechnung in der Nähe der Knicklast k^*, die festen Zwischenstützen entspricht, unsicher wird. Einmal ist der Wert $k^* = 8{,}05$ nur ganz roh bestimmt. Andererseits wurden wir zu der Vermutung geführt, daß bei Berücksichtigung sämtlicher Eigenfunktionen die Knickgirlande (Abb. 24) für $k = k^*$ die Ordinate $\bar{\beta}^* = 0$ hat, während wir bei Kombinationen zu dritt dort durchaus endliche Ordinaten finden. Wir dürfen daher nicht erwarten, an den Stützstellen die Ordinaten Null zu erhalten, wenn wir mittels dreigliederiger Ansätze das Gleichungssystem (21) für $k = k^*$ mit dem zugehörigen Wert $\beta = \bar{\beta}^*$ lösen.

Zunächst wurde die Rechnung mit denjenigen Werten k und β durchgeführt, bei denen der Steilabfall der Dreiergirlande gegen den Wert $\beta = 0$ aufhört. Nach Abb. 24 wurde dazu der Wert $k = 11{,}95$ gewählt. Die Kombinationen 4, 5, 6 und 5, 6, 7 ergeben an dieser Stelle fast den gleichen Wert von β. Rechnet man mit beiden Kombinationen, so zeigt sich, daß man mit 5, 6, 7 im Durchschnitt die kleineren Stützpunktsordinaten erhält. Diese Kombination wurde daher der Darstellung (Abb. 33) zugrunde gelegt. Man erhält zunächst

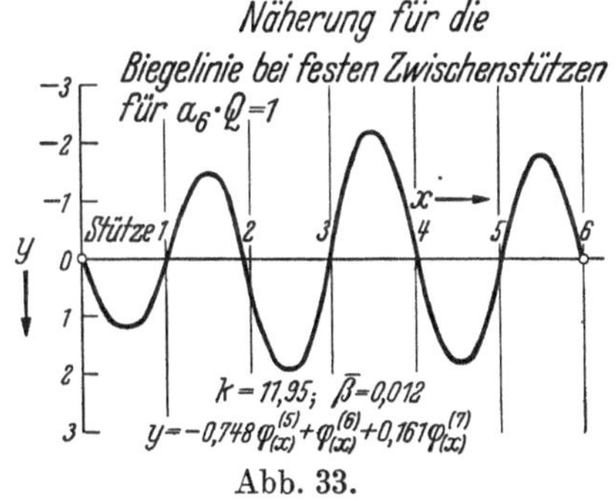

Abb. 33.

(212) $$\bar{\beta} = 0{,}012224.$$

Die Gleichung der Biegelinie wird sodann

(213) $$y = [-0{,}748191 \cdot \varphi^{(5)}(x) + \varphi^{(6)}(x) + 0{,}161328 \cdot \varphi^{(7)}(x)] \cdot a_6.$$

Insbesondere findet man die Stützendurchbiegungen zu

(214) $$\eta_1 = +0{,}092; \quad \eta_2 = +0{,}391; \quad \eta_3 = -0{,}214; \quad \eta_4 = -0{,}365; \quad \eta_5 = +0{,}210.$$

Die Stützendurchbiegungen verschwinden also keineswegs. Aus den oben erwähnten Gründen ist das auch nicht verwunderlich. Immerhin sind sie gering im Vergleich mit den maximalen Ordinaten. Daß sich bei festen Stützen ein Ausknicken in sechs Halbwellen ergibt, entspricht der Anschauung. Man könnte ein anderes Ergebnis nur dann erwarten, wenn ein einzelnes Feld relativ so schwach wäre, daß es für sich allein ausknickt, und zwar bei den Endfeldern wie ein einseitig, bei den Mittelfeldern wie ein beiderseits eingespannter Stab.

Ferner wurden die Gleichungen (21) mit $k = k^* = 8{,}05$ gelöst. Man findet

$$\bar{\beta} = 0{,}284\,696\,. \tag{215}$$

Dieser Wert ergibt sich aus der Kombination 4, 5, 6, die — wie Abb. 24 zeigt — an dieser Stelle die Dreiergirlande bestimmt. Als Biegelinie erhält man

$$y = [-0{,}375\,079 \cdot \varphi^{(4)}(x) + \varphi^{(5)}(x) - 0{,}694\,638 \cdot \varphi^{(6)}(x)] \cdot a_5. \tag{216}$$

Sie ist in Abb. 34 dargestellt. Das Bild ist im ganzen — wie bei dem großen Wert von $\bar{\beta}$, den der dreigliedrige Ansatz noch für k^* ergibt, nicht anders zu erwarten ist — wesentlich ungünstiger als das vorige (vgl. Abb. 33). Die sechste Halbwelle zeigt sich nur eben angedeutet (am linken Ende der Abb. 34). Die Knotenpunktsordinaten sind die folgenden:

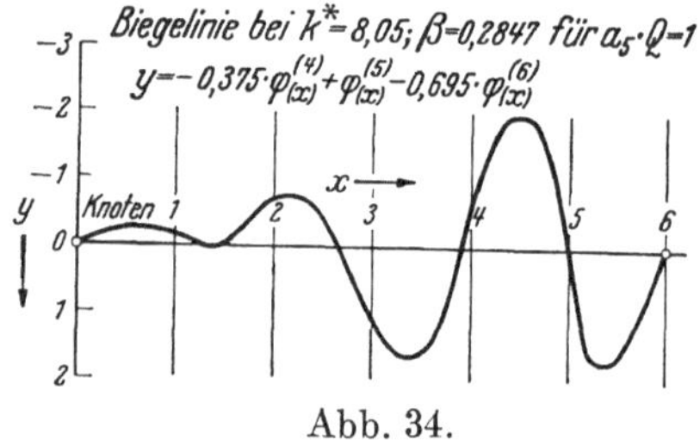

Abb. 34.

$$\left\{\begin{array}{lll} \eta_1 = -0{,}164; & \eta_2 = -0{,}699; & \eta_3 = +1{,}110; \\ \eta_4 = -0{,}657; & \eta_5 = +0{,}062. & \end{array}\right. \tag{217}$$

Diese großen Werte erweisen mit aller Deutlichkeit, daß in der Nähe der Knicklast des fest gestützten Stabes der dreigliedrige Ansatz für die Biegelinie nicht ausreicht, um zuverlässige Ergebnisse zu gewinnen. Um ein sicheres Urteil über ihre Genauigkeit zu erhalten, muß man die gesuchte Stützensicherheit sowohl aus den dreigliedrigen wie aus den zweigliedrigen Ansätzen bestimmen. Ist der Unterschied zwischen den beiden Ergebnissen praktisch gering, so kann man sich mit dem Ergebnis des dreigliedrigen Ansatzes begnügen. Erscheint der Unterschied zu groß, so liegt der verlangte Sicherheitsgrad zu nah bei der Knicklast des fest gestützten Stabes. Dann muß man weiter zu vier- und mehrgliedrigen Ansätzen greifen, bis sich die Stützensicherheit praktisch nicht mehr ändert.

Schlußbemerkung.

Zusammenfassend ist zu sagen, daß das neue Verfahren, wie wir gesehen haben, fruchtbare Einblicke in die inneren Zusammenhänge der Probleme gestattet, die mit anderen Verfahren nicht leicht zu gewinnen sind. Es ermöglicht, in einfacher Weise den Einfluß der Stützung auf die Sicherheit des Systems zu überschauen und konstruktiv zu berücksichtigen. Es macht überdies die Rechnung durch ihre Gliederung übersichtlicher und der Kontrolle zugänglicher. Haben alle Felder des Stabes gleichen Elastizitätsmodul, gleiches Trägheitsmoment und gleiche Stabkraft, so macht das Verfahren (unabhängig davon, ob auch die Feldlängen einander gleich sind oder nicht) weniger Arbeit als irgendein anderes bisher bekanntes Verfahren. Sind diese Größen jedoch feldweise verschieden und ist die Felderzahl groß, ohne daß das Problem symmetrisch ist, so wird die Rechenarbeit sehr erheblich. Aber auch dann ist sie geringer als bei den theoretisch bekannten, in der Praxis bei so verwickelten Fällen kaum wirklich anwendbaren Verfahren.

Anhang.

Der Rechnungsgang.

Die Angaben beziehen sich zunächst auf die bloße Bestimmung der Stützensicherheit bei unsymmetrischen Problemen. Die Änderungen, die bei einer Gesamtuntersuchung des vorgelegten Systems notwendig sind, sind in eckigen Klammern beigefügt. Die zitierten Gleichungen sind unverändert nur verwendbar, wenn die Enden des Stabes gelenkig fest gelagert und wenn E, I, S feldweise konstant sind.

Gegeben: $E(x)$, $I(x)$, $S(x)$, l_ν, A_ν und die verlangte Sicherheit k.

1. Überschlägige Bestimmung der Knicklast k^* bei festen Zwischenstützen. Ist k nur wenig kleiner als k^*, genaue Bestimmung von k^* (§ 11c, erster Anhalt nach § 11f).

2. Aufstellung der Determinante $\varDelta(\lambda)$. Für jeden beliebigen sechsfeldrigen Stab mit gelenkig fest gelagerten Enden kann (42) verwendet werden. Nur ist, wenn die Feldlängen verschieden sind, in (VI), (39), (40) und (42) $\sum\limits_{\nu=1}^{6} l_\nu\, \sigma_\nu$ statt $l \cdot \sum$ zu setzen. Bei anderer Felderzahl ist nach § 4 die Determinante neu zu berechnen. Dabei erhält man auch die den Gleichungen (I) bis (VI) entsprechenden Gleichungen.

3. Feststellung der Lage der Pole von $\varDelta(\lambda)$. Berechnung der Residuen aller Pole bis zum ersten oberhalb k [bis zum ersten oberhalb k^*] (§ 6).

4. Gewinnung von Schranken für die Eigenwerte (§ 5). Wenn möglich, genaue Festlegung der Zahl der Eigenwerte bis zum zweiten, der größer ist als k [bis zum zweiten, der größer ist als k^*] (§ 6g).

5. Berechnung aller Eigenwerte bis einschließlich $\lambda^{(p+2)}$, wobei $\lambda^{(p)}$ der größte Eigenwert ist, der sich kleiner als k [kleiner als k^*] ergibt (§ 7).

6. Berechnung der $M_\nu^{(i)}$ aus (I) bis (VI) bzw. den ihnen entsprechenden Gleichungen, die man bei der Aufstellung von $\varDelta$ gewann. Damit erhält man zugleich eine Probe für die Richtigkeit der Eigenwerte und für ihre Genauigkeit (§ 8).

7. Berechnung der $f_\nu^{(i)}$ aus (36) bzw. (147).

8. Identifizierung der Eigenwerte nach § 9i, falls diese Identifizierung unter 4. noch nicht restlos gelungen sein sollte.

9. Berechnung der N_i nach (162), (163). [Berechnung der $\overline{N}_i$ nach (162) und der $N_i(k)$ für eine größere Zahl von Werten k im Intervall $\lambda^{(i-2)} < k \leq k^*$ nach (163).]

10. Berechnung der α_{ij} (160).

11. Bestimmung von $\bar{\beta}_\nu$ und $\bar{\beta}$ aus dreigliedrigen und zweigliedrigen Ansätzen (§ 10d, e). Unterscheiden sich beide Werte $\bar{\beta}$ zu stark, Wiederholung mit viergliedrigen Ansätzen (§ 12d). [Berechnung von $\beta(k)$ nach § 10d und Zeichnung der Knickgirlande (§ 11a).]

Soll außerdem die Biegelinie gezeichnet werden:

12. Berechnung der a_i nach (21) mit (25) für die Kombination, aus der man $\bar{\beta}$ erhielt.

13. Berechnung der $f_\nu^{(i)\prime}$ nach (145), (146) für die drei $\varphi^{(i)}$, die $\bar{\beta}$ lieferten. Zeichnung der Biegelinie (§ 12a).

Soll die Konstruktion evtl. geändert werden:

14. Wiederholung der Rechnung von 10. an mit anderen Stützenwiderständen.

In dem Sonderfall, daß $\frac{S(x)}{E(x)\, I(x)}$ längs des ganzen Stabes konstant ist, fällt die Rechnung von 2. bis 8. fort (vgl. § 11d).

Sind außerdem die Feldlängen gleich, so fällt auch die Rechnung unter 1. fort (§ 11f).